LE COUP DE LA GIRAFE

DES SAVANTS DANS LA SAVANE

LÉO GRASSET

LE COUP DE LA GIRAFE

DES SAVANTS DANS LA SAVANE

Dessins et schémas de Colas Grasset

ÉDITIONS DU SEUIL
25, bd Romain-Roland, Paris XIVe

ISBN 978-2-02-121927-2

www.seuil.com

Préambule

À l'automne 2012, je découvris les sites web dédiés au financement participatif. Sa logique : proposer un projet qui serait financé par des internautes anonymes. « Excellent ! » me dis-je : je savais que je partais en avril 2013 au Zimbabwe, pour y passer six mois à étudier une population de zèbres dans le parc national du Hwange, et le financement participatif me permettrait peut-être d'investir dans un matériel de bonne qualité pour réaliser une sorte de « photoreportage scientifique » sur la savane. Je lançai donc une campagne de financement… qui échoua, plutôt lamentablement même : en guise d'internautes anonymes, j'avais comme contributeurs au projet uniquement des membres de ma famille ou des amis. Échec.

Cela étant, savoir que j'aurais un lectorat (même réduit) et qu'il attendait de moi un produit fini (même amateur) me donna de bonnes raisons d'écrire, entre deux sessions sur le terrain à mesurer les rayures des zèbres (si, si, vraiment), quinze articles de blog illustrés de photographies personnelles. Ce livre n'était donc pas pensé comme tel, mais comme des articles destinés à une audience confidentielle.

À Hwange, le manuscrit prit une tournure d'autant plus personnelle, au gré des expériences. Le chapitre sur les séismes des éléphants a été inspiré par des rencontres avec les pachydermes. Une en particulier : j'étais en panne de batterie dans ces #!@ de 4 × 4 rongés par la rouille, l'un d'eux s'est approché… et nous a scrutés longtemps, ma voiture pourrie et moi, peut-être une demi-heure. C'était un des plus gros mâles que j'ai vus et ce face-à-face m'a vraiment remué. L'article concernant l'influence des humains sur le comportement des animaux a été inspiré par l'expérience du quotidien à Hwange : se battre tous les jours contre les babouins et singes vervets voleurs de nourriture suffit largement à se convaincre que nous modifions leurs habitudes. Le chapitre sur l'histoire des humains dans la savane provient en partie de longues discussions avec des amis chercheurs qui étudient les relations homme-faune. Enfin, le chapitre sur les zèbres a été inspiré de mes propres recherches, qui visaient à relier le comportement des zèbres à leur morphologie… et notamment à leur pelage.

Aujourd'hui, je suis rentré du Zimbabwe et j'habite pour le moment en Thaïlande, où je réalise des vidéos de vulgarisation scientifique sur internet. Mon émission s'appelle *DirtyBiology* et regroupe plusieurs fois par mois des dizaines de milliers de personnes autour de sujets aussi improbables que ceux présentés dans ce livre.

Je vous souhaite un bon voyage dans cet aperçu des questions loufoques que se posent des chercheurs (pas toujours savants) en savane.

I

L'ÉVOLUTION DANS TOUS SES ÉTATS

« Rien en biologie n'a de sens, si ce n'est à la lumière de l'évolution », disait le célèbre généticien Theodosius Dobjansky. Mais parfois cette lumière projette des ombres étranges et difficiles à décrypter quand il s'agit, comme ici, de questions encore aux frontières actives de la recherche scientifique !

1

Le pénis des hyènes femelles

Pourquoi les vaches ont-elles des cornes ? Pourquoi la plupart des petites antilopes femelles n'en ont-elles pas ? Pourquoi les hommes ont-ils des tétons ? Pourquoi les hyènes femelles ont-elles un clitoris en forme de pénis ?

En fait, la question générale est la suivante : pourquoi certains traits morphologiques qui semblent n'avoir une fonction que chez l'un des deux sexes existent-ils aussi chez l'autre sexe ? Un bon exemple est celui des tétons : ils servent chez la femme à allaiter les nourrissons, en rassemblant les canaux galactophores et en assurant une interface entre la bouche du bébé et les glandes mammaires de la maman, mais leur fonction est moins évidente pour les mâles : quel est l'intérêt d'avoir deux tétons si ce n'est pas pour nourrir les bébés ? Prenons le taureau par les mamelons et attaquons-nous au cœur du problème, qui peut se résumer simplement par « et pourquoi pas ? », ou autrement dit, « *Tout* doit-il avoir une fonction ? ».

Parmi les lois qui gouvernent l'évolution des êtres vivants, la sélection se taille la part du lion. Surtout dans la savane. Dès qu'il existe un léger avantage d'un individu sur un autre impliquant que le premier puisse faire plus de bébés que le second alors, après un temps assez long, on devrait voir uniquement les bébés du premier se promener sur la planète, ceux du second ayant été remisés dans les oubliettes de l'évolution. Bien sûr, c'est une schématisation et ce n'est jamais aussi simple dans le monde réel. Illustrons la théorie avec la parabole imaginaire de l'évolution du mamelon.

Supposons qu'au commencement, il n'y avait que des pectoraux lisses. Un jour, un homme apparaît avec une paire de tétins qui s'avèrent produire une odeur entêtante séduisant les femmes qu'il rencontre, lui permettant de faire, disons, 1,5 fois plus d'enfants que les mâles sans tétons. Pour peu que cette modification soit héritable, le raisonnement suit pour les enfants de cet heureux mutant : ils feront eux-mêmes 1,5 fois plus de petiots puisque papa leur a transmis cette capacité. Les enfants produiront également 1,5 fois plus de petits-enfants que les mâles sans tétons, et tout cela se produit pendant un certain temps : au bout de 500 ans – soit 20 générations de 25 ans chacune –, la lignée « tétons et phéromones » aura environ 3 325 plus d'enfants que la lignée à pectoraux lisses. Faites le calcul vous-même : c'est simplement 1,5 à la puissance 20. Le moindre avantage dans le nombre de bébés se répercute sur des générations, à la condition qu'il soit héritable. Et à la fin, les petits effets se cumulent et forment un gros bonus, aboutissant à une population qui possède exclusivement ces mamelons.

Dans ce scénario, si cet organe existe c'est qu'il possède une fonction. S'il semble inutile, c'est qu'on n'a pas encore découvert la fonction, et puis c'est tout. Des biologistes proposeront, par exemple, que les femmes préfèrent les hommes qui en ont à ceux qui n'en ont pas. On peut aussi penser que cet organe a une fonction sociale : le titillage du tétin par les bébés est connu pour délivrer une salve d'ocytocine chez la mère, une hormone responsable du bien-être et de la cohésion sociale, réputée aussi pour contribuer à l'attachement entre parents et enfants. Dit autrement, plus de titillages = plus d'amour pour les enfants, qui survivent mieux,

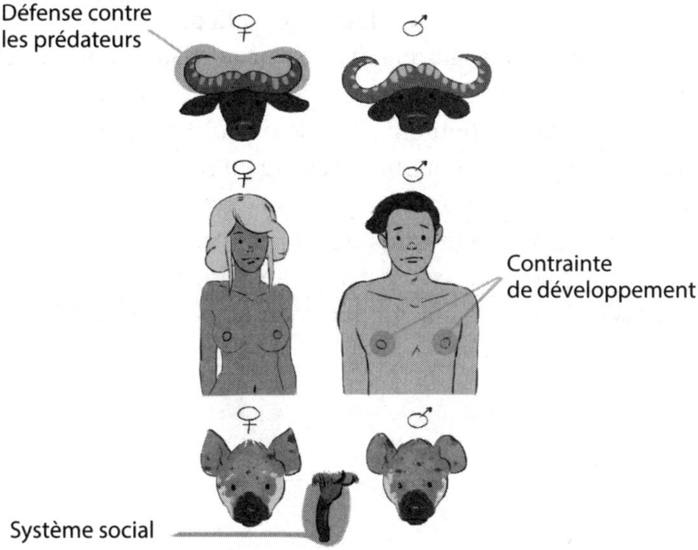

Les attributs sexuels d'un sexe peuvent être présents
chez l'autre sexe, et les raisons sont multiples.

et donc plus de bébés ! Bref, ces explications appartiennent à la famille des « si ce truc existe, c'est qu'il doit bien avoir une ou plusieurs fonctions ».

Mais on peut aussi proposer d'autres scénarios où la tendre excroissance n'a strictement aucune fonction. Rappelons-nous que toutes les personnes sont des femmes lorsqu'elles sont de jeunes embryons : le sexe femelle est le sexe « de base », à partir duquel le sexe masculin va se différencier. Les premières décharges d'hormones masculines n'apparaissent qu'à la huitième semaine. Dit autrement, les hommes devront fabriquer leurs organes de mâles à partir de ce qui est déjà disponible « sur place », et qui est déjà un peu féminin. Les tétons, en l'occurrence, sont déjà produits dès la sixième semaine, il va falloir faire avec. On peut alors retourner le raisonnement : chaque attribut mâle est un attribut en plus, durement acquis à grandes salves de testostérone et de rafales d'androgènes. Si quelque chose de féminin reste, mais qu'il ne gêne pas et qu'il ne défavorise pas son porteur, il restera en place.

Bien sûr, une sélection forte pourrait peut-être contourner cette contrainte et favoriser drastiquement le mâle sans tétine contre son concurrent tétiné, mais ce n'est de toute évidence pas le cas, mieux vaut dans ce cas se résigner à porter ces appendices rosés.

Impossible de distinguer le clitoris d'une hyène d'un pénis à l'œil nu !

Comprendre le pourquoi d'un trait qui ne semble pas à sa place est un défi pour le biologiste. Voyons deux autres exemples en savane : le clitoris en forme de pénis des hyènes, et les cornes des femelles buffles.

Vous avez bien lu : les hyènes tachetées (*Crocuta crocuta, photo 2**) femelles ont un clitoris en forme de pénis. Dans le jargon, on appelle ça un pseudo-pénis, bref, une imitation. Mais attention : une bonne

* Toutes les photos se réfèrent au cahier central du livre.

imitation ! En fait, c'est l'appareil génital mâle au complet qui est imité chez cette espèce : les femelles ont aussi un faux scrotum, de fausses épines en kératine sur leur faux pénis (un attribut très répandu chez les mammifères), ce clitoris est capable d'érection et c'est avec celui-ci que madame urine. Bref, autant dire qu'il est difficile de différencier un papa hyène d'une maman hyène à l'œil nu.

Cet organe est très contraignant pour les femelles hyènes lorsqu'elles veulent mettre bas : 15 % des mères meurent à leur premier accouchement, et 60 % des petits meurent à la naissance ! Du point de vue évolutif, il doit donc nécessairement exister une compensation assez forte pour justifier la présence de ce pseudo-pénis. Un premier avantage est qu'il est difficile pour les mâles de forcer un accouplement avec une femelle : même lorsque la femelle est consentante, ceux-ci doivent s'y reprendre à plusieurs fois pour adopter la bonne position. En fait, réussir à s'accoupler est tout un art chez cette espèce, qui demande une certaine expertise de la part du mâle, ce qui laisse tout le temps nécessaire à la femelle pour faire le choix du mâle qu'elle préfère.

Longtemps, on a pensé que le pseudo-pénis des hyènes femelles était une conséquence du fonctionnement hiérarchique chez cette espèce : les femelles dominent les mâles (elles sont plus grosses qu'eux, ça aide), et parmi elles, les plus agressives dominent les moins agressives. L'agressivité est modulée par des hormones masculines comme les androgènes, et l'on pensait que la lutte pour la dominance avait déclenché une augmentation des niveaux d'androgènes chez les femelles, menant à l'apparition d'organes mâles de façon « accidentelle ».

Pour résumer, « agressivité = androgènes = organes mâles ». Aujourd'hui, cette explication détournée ne tient plus, car on sait que le pseudo-pénis n'apparaît pas grâce à ces fameuses hormones de mâle. Les androgènes n'ont aucune responsabilité dans l'apparition du pseudo-sexe, donc il faut une autre explication.

On l'a dit, l'appareil génital de la femelle est vraiment une copie conforme de celui du mâle. Tout y est, rien n'y manque. De nombreux auteurs pensent en fait que l'imitation est trop parfaite pour que cet organe soit simplement un accident hormonal. Au contraire, ils estiment qu'il y aurait eu une sélection pour que les femelles ressemblent à des mâles, peut-être pour réduire les conflits entre femelles. En fait, nous ne connaissons pour l'heure aucun consensus sur le pourquoi de cette étrange copie, la seule certitude étant qu'il a existé une très forte sélection pour que ce clitoris ressemble à un organe masculin dans ses moindres détails.

Continuons la randonnée dans les contrées des attributs sexuels insolites. Avez-vous déjà vu des impalas (*Aepyceros melampus, photo 15*) mâles en rut ? Ces antilopes, de la famille des bovidés, utilisent leurs cornes dans des cérémonies agressives en les entrechoquant brutalement : l'enjeu est le contrôle d'un harem pouvant parfois atteindre une centaine de femelles. Les femelles n'ont pas de cornes, et le débat est entendu : ces appendices servent juste à la compétition entre mâles. D'ailleurs, les cornes sont pointées vers l'arrière : le but n'est pas de tuer, juste de repousser l'adversaire. La fonction des cornes est donc la même que chez de nombreux cervidés : fournir aux mâles des organes privilégiés pour se taper dessus et montrer aux femelles lequel est le plus méritant. Ce type d'organe peut atteindre des tailles incroyables chez les cervidés, où il existe un exemple d'évolution poussée à l'extrême : le *Megaloceros giganteus*, dont les bois pouvaient atteindre 3,6 mètres d'envergure pour un poids de 40 kilos.

Cependant, il existe d'autres espèces de bovins où les femelles possèdent des cornes : les buffles (du genre *Caffer*, *photo 5*) ou les vaches domestiques, par exemple. Les biologistes ont, comme toujours, proposé de nombreuses hypothèses. L'une d'entre elles est qu'il s'agit tout simplement d'une « corrélation génétique » entre mâles et femelles, bref que les mâles et les femelles sont fabriqués sur le même plan (au moins au début de leur vie), et que cette similarité se maintient par la suite. Même si cette explication fonctionne pour les tétons des hommes, elle n'est pas nécessairement valable partout. En particulier, elle n'explique pas pourquoi certains bovidés femelles ont des cornes (buffles, vaches) et d'autres pas (antilopes). Ici, l'explication est pour une fois assez simple. Il s'avère tout simplement que les femelles ont des cornes pour se défendre lorsqu'elles ne peuvent plus se cacher des prédateurs, à cause de leur taille par exemple. Les impalas possèdent en effet une coloration qui les camoufle dans les hautes herbes tandis que les buffles sont de gros animaux très sombres et bien visibles. Face aux prédateurs, la seule solution qui reste aux buffles femelles est de se battre pour leur vie. D'ailleurs, les cornes des buffles sont connues pour être meurtrières, à tel point que cet animal possède des surnoms sympathiques comme le « faiseur de veuves », ou la « mort noire » : les buffles feraient plus de 200 morts chaque année en Afrique. Moralité : quand on est trop gros pour se cacher, il faut pouvoir défendre chèrement sa peau.

Résumons : les tétons des hommes ne semblent pas avoir de fonction, et leur présence est généralement expliquée comme issue d'une trop forte contrainte provenant du développement, et d'une sélection trop faible pour les éliminer. Dans le cas de la hyène, il semble qu'il existe une sélection très forte pour que les traits sexuels des femelles ressemblent à ceux des mâles, qui pourrait être liée à la réduction des conflits sociaux. Chez les gros bovidés, les femelles possèdent des cornes, un trait pourtant typiquement masculin chez d'autres espèces de bovidés. La présence de cornes chez les femelles a été fortement sélectionnée parce qu'elle leur permet de se défendre face aux prédateurs. En bref, des organes peuvent exister bien qu'ils n'aient pas nécessairement de fonction. À l'inverse, certains organes qui semblent au premier abord « inutiles » sont en fait le fruit d'une sélection importante et ont bel et bien une fonction.

L'évolution est un phénomène complexe : elle fait disparaître des organes, en crée de nouveaux, ou réutilise des organes existants pour de nouvelles fonctions. Face à ce bricolage permanent, il est parfois difficile pour les biologistes de comprendre la fonction des morphologies qu'ils étudient, et ils n'hésitent pas à proposer de très nombreuses hypothèses, parfois assez contre-intuitives. Peut-être le problème vient-il principalement du cadre trop simpliste qu'utilisent parfois les chercheurs pour appréhender le bouillonnement créatif qu'est l'évolution ?

2

Le coup de la girafe

Les girafes sont au centre d'un débat entre biologistes, à propos de l'origine de leur très long cou. La réponse semble toute simple : ce cou, qui atteint jusqu'à 2 mètres de long, a été sélectionné parce qu'il confère un accès unique aux feuilles hautes des arbres dont les girafes se nourrissent, et qu'aucun autre animal n'est capable d'attraper. En bref, c'est une adaptation pour éviter la compétition alimentaire avec d'autres animaux. La question est depuis longtemps entendue : la figure symbolique de la biologie évolutive, Charles Darwin, y a dédié un petit paragraphe dans la sixième édition de *L'Origine des espèces*, et il y explique que l'espèce a obtenu ce très long organe par petits agrandissements successifs, chaque individu un peu plus grand pouvant survivre en moyenne un peu mieux que ceux ayant un plus petit cou, puisque capables de se nourrir sur des feuilles inaccessibles aux autres herbivores.

> « La haute stature de la girafe, l'allongement de son cou, de ses membres antérieurs, de sa tête et de sa langue, en font un animal admirablement adapté pour brouter sur les branches élevées des arbres. Elle peut ainsi trouver des aliments placés hors de la portée des autres ongulés

habitant le même pays ; ce qui doit, pendant les disettes, lui procurer de grands avantages. […] pour la girafe naissant à l'état sauvage, les individus les plus élevés et les plus capables de brouter un pouce ou deux plus haut que les autres, ont souvent pu être conservés en temps de famine […] » Charles Darwin, *L'Origine des espèces*, 1872.

C'est par la suite devenu un cas d'école, un exemple de sélection naturelle qui apparaît dans de nombreux livres et articles de vulgarisation. Cependant, au milieu des années 1990, certains biologistes ont objecté à cette vision un argument important : selon leurs propres observations, les girafes n'utilisent pas tant que ça leur long cou pour manger en hauteur ! Ils ont montré que les femelles peuvent passer jusqu'à la moitié de leur temps avec le cou horizontal dans les saisons où la compétition pour la nourriture est la plus forte, et donc au moment où l'on s'attendrait à ce qu'elles utilisent le plus leur avantage de taille. Ces biologistes ont alors proposé un autre scénario qui révolutionnait la vision classique de l'histoire évolutive des girafes.

Tenez-vous bien : le cou serait en fait une arme utilisée dans les combats entre mâles, exactement comme les cornes des antilopes ou les bois des cerfs ! En effet, chez les girafes, les mâles s'adonnent à des luttes appelées *necking* pour l'accès aux femelles, où ils entrechoquent violemment leurs cous et utilisent leur lourde tête comme une massue. Le crâne des mâles est très épais et ces démonstrations de force peuvent casser les vertèbres de l'opposant : au Niger, malgré la très faible population de girafes, on a répertorié, en 2009, deux cas de décès à la suite de combats. Dans un tel contexte, il est donc intéressant d'avoir un plus gros cou que son adversaire, et les auteurs en déduisent que c'est même la raison pour laquelle les girafes sont munies d'un long cou. Les mâles se reproduisant le plus sont ceux qui ont les plus grands cous, ce qui « tire » littéralement l'évolution de cet organe vers le haut.

Le cou de la girafe remplit plusieurs fonctions. Savoir celle qui a façonné son évolution est le sujet d'un débat entre biologistes !

Mais dans ce cas, pourquoi donc les girafes femelles auraient-elles aussi un long cou ? Ces biologistes ne proposaient pas vraiment d'explication, sinon qu'il pourrait s'agir d'une « corrélation génétique entre les deux sexes ». Nous avons vu précédemment que cette hypothèse est souvent utilisée en dernier recours lorsque les autres arguments sont épuisés. Bref, leur proposition n'explique pas tout et a été vivement critiquée pour cette lacune. Par ailleurs, si le cou était le produit d'une sélection sexuelle, celui des mâles devrait être sensiblement plus grand que celui des femelles. En 2013, des biologistes ont mesuré avec précision les cous de girafes mâles et femelles, et mirent en évidence que ce n'était pas le cas : les mâles ont un cou légèrement plus grand que les femelles, mais la différence est bien trop minime pour être imputée à la sélection sexuelle.

L'idée du cou comme organe nécessaire à la compétition sexuelle se fondait également sur celle que les girafes ne se servaient pas tant que ça de leur cou pour manger en hauteur mais plus pour se battre. D'autres biologistes sont revenus à la charge en 2007, avec une expérience qui a confirmé que les girafes utilisent bien leur cou pour manger en hauteur ! Ils ont isolé des arbres avec du grillage : les autres herbivores plus petits que les girafes ne pouvaient plus se nourrir des feuilles mais les girafes pouvaient encore passer au-dessus du grillage. En comparant les arbres isolés des autres arbres, les chercheurs confirmèrent que les girafes se nourrissaient bien en hauteur lorsque la compétition pour les feuilles était plus importante. Darwin avait donc vu juste, le long cou est utilisé par les girafes pour éviter la compétition. Un argument supplémentaire nous vient des fossiles : il semble que le long cou des girafes soit apparu il y a entre 14 et 12 millions d'années, une période pendant laquelle l'Afrique a subi une aridification générale, les forêts étant remplacées par des savanes. Le nombre d'arbres diminuant, la compétition sur chaque arbre a probablement augmenté et sélectionné un grand cou.

La beauté de la chose est qu'une interprétation n'exclut pas l'autre : manger en hauteur est probablement un avantage qui a façonné l'évolution de ce long cou pour l'ensemble de l'espèce, tous sexes confondus, et son emploi comme massue dans la compétition entre mâles est aussi une force évolutive qui explique les différences importantes d'épaisseur du crâne entre mâles et femelles. En résumé, le cou des girafes est un organe qui est utilisé pour de nombreuses fonctions et il peut être difficile de savoir quelle est celle qui a la plus fortement dirigé son évolution, même si la pression de sélection la plus probable est celle de l'alimentation en hauteur.

D'ailleurs, les biologistes travaillant sur le sujet ne se sont pas privés d'émettre de nombreuses autres hypothèses pour expliquer l'apparition du long cou : celui-ci pourrait servir à détecter les prédateurs plus facilement grâce au point de vue en hauteur qu'il offre ou à réguler la température interne de la girafe grâce à une grande surface de dissipation thermique. D'autres ont même proposé que le cou avait évolué en réponse à l'allongement des pattes, pour permettre à la girafe de pouvoir continuer à boire aux points d'eau.

L'évolution du cou de la girafe est un excellent exemple de la démarche scientifique utilisée pour tenter de reconstituer l'histoire évolutive des organes d'une espèce donnée. En 140 ans, plusieurs théories en concurrence ont été proposées, et après un minutieux travail de terrain et des discussions houleuses et passionnées, certaines ont fini par être favorisées par rapport à d'autres, qui ont été mises de côté... sans être pour autant tout à fait exclues. En effet, si les girafes utilisent leur cou pour manger la cime des acacias, d'autres fonctions comme les combats ou la détection des prédateurs ont peut-être contribué à sa forme actuelle. Bref, le cou de la girafe va encore donner du travail à des chercheurs, occupés à élaborer le scénario le plus vraisemblable de son apparition. Une tâche de longue haleine, mais passionnante !

3

Les gazelles lancent les dés

« Toki est un guépard patient. Il s'allonge dans les hautes herbes de la savane africaine et avance à pas feutrés vers sa cible. Sa proie est une jeune gazelle de Thomson. Gracile, élégante, Toki la voit déjà soumise à ses crocs puissants, et il ne la perd pas des yeux. Tout d'un coup, il bondit : ses muscles noueux consument son énergie tandis qu'il file entre les herbes à la vitesse hallucinante de 90 kilomètres par heure. »

Vous éteignez d'un air las ce énième reportage sur la faune des savanes africaines. Toujours les mêmes trucs : le guépard qui court vite, la gazelle qui fait des bonds pour échapper au prédateur, les herbes jaunes et sèches comme décor. Votre opinion est faite : les gazelles et les guépards n'ont plus rien à vous apprendre. Et pourtant : la fuite des gazelles de Thomson va nous ouvrir les portes vers un monde encore largement inconnu de la biologie, peut être le terreau d'une future révolution scientifique !

Commençons par le commencement : la gazelle est attaquée par le guépard. Le guépard bondit, s'élance et tente d'agripper la pauvre antilope. Sauf que celle-ci est maligne, et se met à courir littéralement dans tous les sens. Courir en ligne droite serait l'assurance d'une mort rapide car elle ne peut rivaliser avec le félin à la course de vitesse. Mais courir en changeant brusquement de direction toutes les 5 secondes peut désorienter le guépard, casser son rythme, faire éclater son ego de sprinter en petites paillettes : bref, c'est une chance de survie. La course de la gazelle est complètement aléatoire : des chercheurs ont démontré que la direction du prochain virage d'une gazelle en fuite était imprévisible, et que cette conduite était hautement efficace pour survivre à une attaque. Tirer profit du hasard n'est pas un cas isolé dans le règne animal : de nombreux animaux autres que les gazelles l'utilisent pour fuir, et certains s'en servent même pour se nourrir ou pour se reproduire. Ce comportement est généralement nommé « comportement de Protée », du nom du dieu grec, une divinité insaisissable qui avait promis de prédire le futur à celui qui arriverait à le capturer. Mais ce n'était pas une tâche facile, car ce dieu marin pouvait changer très rapidement de forme et se transformer successivement en lion, en serpent, en léopard, en cochon, en eau liquide et en arbre !

L'existence de conduites aléatoires peut choquer. Le courant dominant de l'étude du comportement animal considère que les réactions animales ont été optimisées par la sélection naturelle et que les individus adoptent des compromis qui tendent à être les meilleurs possibles. Cette théorie est appelée la « stratégie optimale de la recherche de nourriture ». Nous avons tous en tête ces images du prédateur qui attaque au « bon moment », de ces herbivores qui migrent à des dates précises, de ces groupes coordonnés, etc. Mais le fait qu'un comportement soit finement optimisé n'exclut pas qu'il soit aléatoire : si une gazelle à la trajectoire imprédictible peut survivre plus longtemps et finalement faire plus de bébés gazelles que celle qui a une trajectoire prédictible, alors la trajectoire « hasardeuse » sera sélectionnée au cours de l'évolution. Le hasard peut donc être sous sélection, et la contradiction entre « optimisation » et « aléatoire » n'est qu'apparente. En effet, penser qu'une chose

La gazelle change brutalement de trajectoire pour désorienter son prédateur, en prenant des directions qui semblent aléatoires.

qui se comporte de façon incertaine est moins efficace que son équivalent prédictible est un biais cognitif irrationnel tellement répandu chez les humains qu'il a un nom : l'« aversion au risque ».

De façon générale, le biométricien Alain Pavé parle de « roulette biologique » pour décrire le hasard qui est simulé par un être vivant et sélectionné au cours de l'évolution. Dans le cas de la gazelle, la roulette est le complexe de neurones qui va créer le comportement de course en zigzag ! Les gazelles adoptent donc une trajectoire imprévisible pour échapper à leurs prédateurs et ce n'est pas un cas isolé chez les animaux. De nombreuses autres espèces explorent l'environnement aléatoirement pour se nourrir car c'est la meilleure stratégie à adopter lorsqu'on ne sait pas précisément où trouver sa nourriture. Par exemple, la larve de la chrysope commune (*Chrysoperla carnea*) explore les feuilles d'arbres en marchant au hasard pour y dénicher les pucerons qui feront son repas. Pour la reproduction, le hasard intervient également très souvent : de nombreux animaux marins comme les oursins ou les moules lâchent simplement leurs spermatozoïdes dans l'eau et la conjoncture des petites fluctuations dans les courants les emmènera à bon port…

ou non ! C'est encore plus généralement le cas chez les végétaux qui bombardent l'atmosphère de leurs « spermatozoïdes » – les grains de pollen. Ceux-ci vont féconder les ovules, ce qui donnera les graines contenant l'embryon. Ces graines sont elles-mêmes souvent libérées dans l'air et disséminées au hasard des fluctuations de l'environnement : un courant d'air un peu fort pourra les emporter plus loin, les faisant échouer dans un milieu défavorable pour leur croissance (échec) ou au contraire sur un emplacement privilégié pour grandir (succès). Les êtres vivants font donc usage du hasard pour survivre, se nourrir et se reproduire.

Mais la place du hasard dans le vivant ne se limite pas au comportement des animaux ni à la dispersion des végétaux et il a une grande responsabilité dans la biosphère et dans l'évolution des organismes, et ce, à de nombreuses échelles. Voyons deux extrêmes : à l'échelle d'un écosystème (plusieurs kilomètres) et à celle de l'œil d'une mouche (plusieurs micromètres).

Dans la forêt tropicale humide du bassin amazonien, il y a une diversité très importante de végétaux : il y existe jusqu'à 16 000 espèces d'arbres, et un seul hectare peut contenir jusqu'à 300 espèces différentes, qui consomment toutes les mêmes ressources : du soleil, des sels minéraux et de l'eau. Une approche générale pour comprendre la répartition des espèces est celle des « niches écologiques ». L'idée très simplifiée est que les espèces entrent en compétition pour les ressources du milieu et, qu'à terme, chacune va se spécialiser pour un ensemble de ressources et occuper une niche bien à elle, dont les autres espèces vont être exclues par compétition. Cette explication a cependant longtemps buté sur le cas des forêts tropicales humides, où il existe peu de ressources différentes et beaucoup d'espèces qui les utilisent de la même façon. En 2001, l'écologue Stephen Hubbell proposa une idée révolutionnaire : c'est le hasard qui construit les forêts tropicales, pas uniquement la compétition entre espèces. Il part du principe que les espèces ne diffèrent pas vraiment dans leur capacité à se propager, et que chacune fait en moyenne autant de petits arbrisseaux que les autres. Les petites différences locales sont dues au hasard, et l'équivalence entre chaque arbre expliquerait non seulement le très grand nombre d'espèces mais également la répartition complètement aléatoire des plantes : certaines forêts sont tellement « mélangées » qu'on ne retrouve que rarement deux individus de la même espèce au même endroit !

Autre exemple, à très petite échelle : la vision chez la mouche du vinaigre (*Drosophila melanogaster*) est assurée par un œil composite constitué de nombreuses facettes, les ommatidies. Il existe deux types d'ommatidies, celles sensibles aux couleurs chaudes et celles sensibles aux couleurs froides. L'union de ces facettes permet à la mouche de voir en couleurs, mais comment mélanger efficacement les ommatidies de chaque type sur l'œil pour avoir une vision homogène ? Une solution simple et peu coûteuse en énergie est d'utiliser le hasard ! Grâce à la loi des grands nombres, la répartition « chaud-froid » a toutes les chances d'être homogène, et ce d'autant plus si le nombre d'ommatidies est grand. Comme il y en a plusieurs centaines, l'astuce marche très bien… le hasard fait bien les choses !

L'écologie et l'évolution sont elles-mêmes des sciences intrinsèquement statistiques, fondées sur les probabilités. En effet, les grandes lois de ces disciplines ne peuvent permettre de faire des estimations que sur des changements moyens dans la population, et il est impossible de prédire avec certitude le devenir d'un individu en particulier.

Par exemple, dire que « les kangourous qui sautent le plus haut sont sélectionnés » doit être traduit par « la hauteur moyenne de saut dans la population de kangourous augmente au fil des générations », mais cela ne permet pas de faire de prédiction exacte sur la descendance d'un individu particulier qui saute très haut. On peut s'attendre à ce qu'il ait beaucoup d'enfants, mais la vie d'un kangourou étant pleine de rebondissements, on ne peut que faire des hypothèses exprimées sous forme de probabilités. Par exemple, imaginons que cet individu qui saute très haut appartienne à une toute petite population de kangourous, isolée au plus profond de l'outback australien. Imaginez maintenant qu'un conducteur de camion ivre roule à toute allure dans le bush. Il rentre dans le groupe de kangourous comme dans un jeu de quilles, et notre kangourou sauteur se fait malheureusement renverser. Son gène lui permettant de sauter haut qui était a priori positif disparaît tout simplement de la population par le jeu du hasard. Celui-ci peut tenir un rôle important dans les petites populations comme celle de notre kangourou : on appelle cela la dérive génétique. La sélection et la dérive sont souvent traitées de « forces évolutives », et leur importance relative dépend vraiment de la taille de la population : une petite population sera soumise au hasard tandis qu'une grande population le sera moins, par la loi des grands nombres. Mais au fait, qu'entend-on exactement par « hasard » ?

Il existe de nombreuses définitions, mais celle qui semble la plus générale est tout simplement « l'ensemble des choses que l'on ne peut pas prédire ». Par exemple, considérez l'enchaînement de situations suivant : un pot de fleurs tombe sur le trottoir, fait jouer une fausse note à un trompettiste de fanfare, fausse note qui fait bondir un chat de peur, ledit félin bondit sur un fumeur qui laisse tomber sa cigarette qui vole jusqu'au siège passager d'un camion portant des produits chimiques qui passait dans la rue, la cigarette provoque un incendie dans l'habitacle, ce qui fait perdre le contrôle au chauffeur, ce qui provoque un accident entre ce camion de produits chimiques et un camion-citerne plein de réactif, déclenchant une explosion rasant la ville de Paris. Cette suite d'événements est imprédictible, et le sens commun l'attribuera à un hasard taquin.

On imagine souvent que si l'on pouvait avoir une information sur chaque élément du monde, la destinée de chacune de ses parties serait alors prédictible. Ici, si l'on avait pu avoir une information sur l'état instable du pot de fleurs, sur la position du trompettiste, du chat, du fumeur et des deux camions, un analyste doué aurait pu prévoir la catastrophe. Cette idée n'est pas neuve : Pierre-Simon de Laplace postulait au XVIIIe siècle qu'une « intelligence qui, pour un instant donné, connaîtrait toutes les forces dont la nature est animée, et la situation respective des êtres qui la composent [...] embrasserait dans la même formule les mouvements des plus grands corps de l'univers et ceux du plus léger atome : rien ne serait incertain pour elle et l'avenir, comme le passé serait présent à ses yeux ». Dans cette vision de la nature, ce que l'on appelle hasard n'est que la mesure de notre ignorance : il n'existe pas de vrai hasard fondamental (ou hasard « ontologique »). Mais il existe également une autre vision du hasard, qui nous vient de la physique quantique.

L'un des phénomènes les moins intuitifs est celui de la superposition quantique. Dans le monde quantique, une particule peut être dans un état qui ne correspond pas à une valeur classique unique et bien déterminée. Par exemple, un objet peut n'être ni rouge ni bleu et c'est son interaction avec d'autres objets qui le fixera dans un état de couleur déterminée, soit bleue, soit rouge. Le physicien Schrödinger a illustré cette superposition quantique en imaginant un chat bloqué dans une boîte. Dans cette boîte, il existe une particule dans un état de superposition et un automatisme qui déclenche la libération d'un poison pour le chat lorsque la particule se fixe dans l'un des deux états possibles. Tant que la boîte est fermée, il n'y a pas de perturbation ou d'observation pouvant fixer la particule à une valeur donnée ; elle reste dans un état de superposition. L'animal est alors « ni mort ni vivant ». Au moment où un observateur ouvre la boîte, la particule fait un « choix » entre les deux et libère ou non le poison. Comme la moindre perturbation peut faire basculer ce système vers un « choix » (on appelle cette bascule la « décohérence »), il est très difficile de maintenir une particule dans un état superposé, en particulier à température ambiante.

Cependant, des expériences récentes montrent que la nature pourrait avoir découvert plusieurs solutions pour manipuler des électrons en superposition quantique ! Voyons un exemple chez les plantes, au cœur de la photosynthèse. La photosynthèse est sans aucun doute le processus biochimique le plus important du vivant, qui introduit l'énergie solaire dans la biosphère et nourrit tout le réseau alimentaire qui en dépend : herbivores, prédateurs, parasites… Au bout de la ligne, tous dépendent de l'efficacité de la photosynthèse. La lumière est absorbée par des « antennes » contenant de la chlorophylle, qui captent les photons et les transmettent là où leur énergie sera mise à profit : les centres réactionnels. Des chercheurs ont proposé récemment que les antennes auraient la capacité de retenir les photons dans un état de superposition quantique, ce qui permettrait à ces derniers d'explorer simultanément les différents chemins menant aux centres réactionnels, de « choisir » le plus court et de maximiser l'efficacité énergétique.

Chez d'autres espèces, certains organes semblent aussi utiliser des particules en superposition quantique : les cellules olfactives ou les organes de magnéto-réception des oiseaux sont cités sérieusement comme des éléments utilisant peut-être des effets de superposition. La physique quantique pourrait même jouer un rôle dans l'apparition de mutations dans l'ADN – le processus à la base du renouvellement permanent de la diversité – via des « effets tunnel », par exemple.

De l'écologie aux effets quantiques, le hasard intéresse les biologistes, et pour diverses raisons : parce qu'il peut être sélectionné au cours de l'évolution, parce qu'il génère des débats philosophiques sur son origine et peut-être aussi parce qu'il est par définition mystérieux et intrinsèquement surprenant. De plus en plus, les chercheurs le placent au centre de leurs études et ne le relèguent plus à la position d'un simple « bruit statistique », car il permet d'expliquer et de comprendre. Bref, la vie est un pari…

4

Pourquoi les zèbres ont-ils des rayures ?

Dans le monde vivant, de nombreux mammifères présentent des rayures ou des taches contrastées sur le pelage dont les fonctions sont très diverses. Beaucoup d'animaux utilisent ces motifs comme un camouflage : c'est le cas des léopards et des guépards. D'autres l'utilisent comme un signal pour dire « ne m'énerve pas, je ne suis pas d'humeur » à l'intention des prédateurs potentiels : c'est le cas des putois, ratels et autres blaireaux. Certains scientifiques ont même postulé que les taches qu'arborent les girafes pouvaient servir à dissiper efficacement la chaleur interne ou permettre aux individus de se reconnaître les uns les autres.

Malgré ce trait morphologique ostentatoire, il n'est pas toujours facile de savoir à quoi sert la coloration d'une espèce. Le cas du zèbre des plaines (*Equus quagga*) illustre magnifiquement ce casse-tête. Le zèbre des plaines montre des rayures de la tête à la queue, avec une étonnante variété de formes, d'épaisseurs et même de couleurs : les rayures vont du noir chez les adultes au marron clair chez les poulains ! (Pour la petite histoire, les ancêtres du genre *Equus* auraient possédé des rayures, et ce caractère semblerait revenir de temps en temps chez les chevaux domestiques. Deuxième parenthèse amusante : à la fin du XIXe siècle, certains colons anglais un peu excentriques ont tenté de domestiquer des zèbres. Cela n'a pas été un grand succès, mais on retrouve quand même des photos de lords anglais faisant du saut d'obstacle ou tirant leur calèche avec des zèbres.)

Saut d'obstacle avec un zèbre dompté,
en Afrique de l'Est, au début du XXe siècle.

Mais venons-en au fait : pourquoi des rayures ? Autant le dire tout de suite, les zèbres ont des rayures blanches sur un fond noir. L'embryon est d'abord complètement noir puis des bandes blanches apparaissent, résultat de l'inhibition de la production de mélanine, la protéine responsable de la couleur noire, découpant les rayures et le patron de coloration unique qui sera propre à l'individu toute sa vie. Autre révélation de taille : les zèbres ne sont absolument pas symétriques : il y a des différences importantes de motifs entre le côté droit et le côté gauche ! En ce qui concerne la fonction biologique de ces rayures, c'est plus compliqué. En 2002, Graeme D. Ruxton a recensé pas moins de huit théories différentes qui ont été très sérieusement proposées pour expliquer l'origine de ce pelage original. Passons-les rapidement en revue, afin de comprendre l'ampleur du désespoir des biologistes.

1. Les rayures font un camouflage « disruptif » de groupe. Un groupe de zèbres qui bouge fonctionnerait comme une illusion d'optique et troublerait la perception des prédateurs, notamment en ce qui concerne les contours des individus lorsqu'ils sont les uns contre les autres.
2. Les rayures font office de camouflage dans les hautes herbes.
3. Les rayures sont un camouflage efficace la nuit.
4. Les rayures au niveau du cou forment une zone de reconnaissance pour se faire toiletter par les autres membres du groupe.
5. Les rayures permettent aux individus d'un groupe de se reconnaître les uns les autres.
6. Les rayures compliquent la tâche des prédateurs pour les « viser » correctement lorsqu'ils leur courent après.
7. Les rayures perturbent les mouches tsé-tsé lorsqu'elles veulent atterrir sur l'animal.
8. Les rayures facilitent la dissipation de chaleur.

Intéressons-nous aux quatre dernières, qui sont les plus souvent citées.

Les bandes servent à la reconnaissance des individus

Cette idée semble logique, puisque les motifs sont propres à chaque zèbre. Cependant, on peut noter que les chevaux sauvages, qui ont la même organisation sociale que les zèbres, n'ont pas besoin d'un tel déballage de moyens pour se reconnaître parfaitement les uns les autres. Cela semble assez improbable que les rayures servent à une fonction qui peut être remplie sans une telle débauche d'énergie, l'explication est donc probablement ailleurs.

Les rayures rendent difficile à appréhender le mouvement du zèbre

Cette hypothèse rigolote en contient en fait plusieurs autres. On observe, par exemple, qu'un individu à rayures apparaîtra plus gros que ce qu'il est vraiment, ce qui complique la tâche du prédateur qui doit estimer correctement où et quand donner le prochain coup de griffes. D'autre part, les rayures brouillent la perception du prédateur en ce qui concerne la vitesse et la direction de leur porteur, exactement comme le camouflage Razzle Dazzle qui était peint sur les navires de guerre pour perturber les artilleurs ennemis avant l'invention du radar. D'ailleurs, de très sérieux chercheurs ont proposé en 2013 de peindre les véhicules militaires rapides avec des rayures, car elles permettraient de réduire les chances que des soldats ennemis armés de lance-roquettes puissent faire mouche.

Camouflage disruptif « Razzle Dazzle » utilisé par les navires de guerre pour se protéger des tirs d'artillerie avant l'invention du radar.

Cette hypothèse n'a pas été testée dans la nature mais plusieurs travaux abondent dans son sens. Des simulations très récentes ont montré que les rayures d'un zèbre en mouvement peuvent générer deux illusions d'optique qui ont chacune pour effet d'inverser la direction perçue du mouvement. La première illusion est l'effet stroboscopique, que l'on rencontre généralement avec des objets en rotation comme des roues de voiture. Sous un certain éclairage, les roues d'une voiture en mouvement peuvent donner l'impression de tourner lentement, d'être figées, voire même de tourner en sens inverse. La seconde illusion est l'effet de l'« enseigne du barbier ». Les enseignes de barbier sont des poteaux rayés placés à l'entrée des échoppes de barbiers dans les pays anglo-saxons. Ces poteaux sont souvent en rotation, ce qui donne l'impression que les rayures diagonales du poteau « montent ». Selon les auteurs d'un article de 2013, les rayures diagonales des zèbres produisent ces deux effets d'optique et brouillent la perception des prédateurs dont les attaques sont moins précises et qui manquent leurs proies !

Les rayures servent d'anti-mouches

Cette idée part de l'observation que les mouches tsé-tsé et autres horreurs volantes se posent moins souvent sur des objets rayés que sur des objets unis. Elle a été testée sur des mouches suceuses de sang : les taons.

Les taons possèdent une vision polarisée qui leur permet de repérer les flaques d'eau avec précision : la lumière réfléchie par l'eau est elle-même polarisée et l'on s'en rend compte lorsque l'on porte des lunettes de soleil polarisantes : celles-ci filtrent les ondes lumineuses orientées horizontalement, c'est-à-dire les reflets sur la mer ou sur une route mouillée, ce qui permet de voir ce qu'il y a sous la surface ou d'admirer le bitume sans s'éblouir. Les taons peuvent ainsi repérer les points d'eau où ils déposent leurs œufs et où ils trouvent leurs proies : les herbivores qui viennent y boire.

Le pelage rayé des zèbres permet d'éviter les prédateurs, mais aussi les roquettes, grâce à l'effet de l'« enseigne du barbier ».

Cependant, du point de vue polarisé des mouches, les rayures des zèbres forment un camouflage efficace : les bandes noires et les bandes blanches renvoient la lumière dans des directions différentes, avec des intensités différentes. Dans une expérience de 2013, des biologistes ont en effet observé que les mouches venaient moins souvent sur des maquettes de zèbres rayés que sur des maquettes aux tons unis. Les auteurs de l'expérience en ont donc conclu que si les rayures pouvaient remplir cette fonction, c'est qu'elles avaient été sélectionnées – au moins en partie – pour ça. En 2014, une autre publication scientifique est venue confirmer cette hypothèse : les auteurs notèrent la distribution géographique naturelle de nombreuses sous-espèces d'équidés et remarquèrent que les régions où les taons sont naturellement présents se superposent très bien avec les régions où les équidés sont rayés. D'autres indicateurs confirment cette tendance : par exemple, le nombre de rayures sur le ventre est corrélé à la présence de mouches tsé-tsé. Cette analyse purement géographique tend à montrer que les rayures pourraient avoir évolué sous la pression de ces mouches nuisibles aux zèbres.

L'habitat des équidés rayés se juxtapose très bien à celui des taons, et c'est un argument pour expliquer l'apparition de ce pelage.

Les rayures facilitent la dissipation de chaleur

Au début de l'année 2015, l'article « Comment le zèbre a attrapé ses rayures : un problème avec trop de solutions » est publié, qui propose de remettre à l'actualité une hypothèse datant des années 1990 : les rayures des zèbres ne serviraient ni à échapper aux lions, ni à échapper aux mouches et taons, mais à échapper à la chaleur. Les auteurs confirment que, parmi toutes les variables de l'environnement, la température est celle qui explique le mieux les disparités géographiques concernant l'épaisseur des rayures. Dans les régions chaudes, les rayures sont plus épaisses, et dans les régions froides elles tendent à disparaître. Un exemple extrême est celui du quagga, une sous-espèce de zèbre aujourd'hui éteinte, qui n'avait pas de rayures sur la plus grande partie du corps et qui vivait dans une région plus fraîche de l'Afrique du Sud.

Les auteurs, cependant, n'offrent pas de réponse définitive quant au mécanisme qui conférerait aux rayures la capacité d'éviter la chaleur. Ils proposent deux hypothèses : premièrement, il se peut que le facteur déterminant direct ne soit pas la température, mais l'une de ses conséquences. Les mouches tsé-tsé ou les taons pourraient, par exemple, être porteurs d'une plus grande quantité de parasites en régions chaudes, et les rayures ne seraient qu'une défense face aux parasites… détectables à travers le prisme de la température. Deuxièmement, il se pourrait que les rayures sombres chauffent plus que les rayures claires, provoquant de légers flux d'airs entre les rayures qui rafraîchiraient l'animal. Même si cette idée semble incroyable, la température des zèbres est pourtant en moyenne inférieure de 3 °C par rapport à d'autres herbivores de même taille… et toute la question est donc de savoir si cette différence de température peut constituer une pression de sélection suffisante pour expliquer l'apparition et le maintien de cette coloration.

En l'état actuel des connaissances, il est difficile de trancher entre les trois explications majoritaires. De fait, les biologistes qui suivent le dossier de près considèrent qu'il n'existe actuellement aucune explication unique convaincante pour expliquer à elle seule la présence de ces rayures, et qu'elles sont probablement dues à un ensemble de raisons diverses difficiles à analyser individuellement. Il se pourrait, par exemple, que les rayures soient apparues comme un anti-mouche efficace, et qu'elles aient été en partie conservées par la suite pour une autre raison, à savoir l'effet d'optique qu'elles produisent.

Ce genre de situations peut compliquer la tâche du biologiste chargé de comprendre l'histoire évolutive du caractère, ici, les rayures. Imaginons un instant qu'en réalité, les bandes soient apparues chez les premiers zèbres pour qu'ils puissent se camoufler dans un environnement donné qui n'existe plus aujourd'hui : par exemple, des forêts de codes-barres. À la suite d'un événement climatique brutal, les forêts disparaissent brutalement, mais les zèbres ont entre-temps basé leur système social autour de leur apparence, et le moindre individu qui dévie de la norme aura beaucoup de mal à se reproduire et à transmettre son génome « non rayé ». Si la pression de sélection contre les bandes est faible parce qu'elles ne désavantagent pas leur porteur (en l'aidant même à désorienter un lion ou un taon de temps à autre), on peut imaginer que ce caractère soit conservé pour une fonction qui n'était pas celle de départ. Dans ce cas, le biologiste sera confronté à un véritable défi : savoir ce qu'a bien pu être la raison initiale de l'adaptation, et retrouver des traces de l'improbable forêt de codes-barres !

La recherche de la fonction des rayures des zèbres est une aventure scientifique qui n'est pas terminée, et c'est un bon exemple des défis quotidiens passionnants qui se posent aux chercheurs en biologie évolutive : tenter de répondre à de vieilles questions que l'on croyait résolues, élaborer des scénarios évolutifs par des expériences ou des simulations informatiques, et progresser pas à pas en découvrant des choses inattendues, comme l'utilisation des rayures pour éviter les mouches, la chaleur… ou les roquettes !

II

Comportements animaux

Pour survivre, les animaux ont développé des comportements originaux, complexes, qui peuvent parfois sembler étranges mais qui se justifient (presque) toujours au regard de l'évolution. La savane fourmille d'exemples de comportements originaux !

5

Le mystère des termites qui jouent de l'orgue

Tout le monde a une vague idée de ce à quoi ressemble une termitière africaine : un dôme conique en terre qui jaillit des herbes hautes de la savane (*photo 10*). Parfois même avec un arbre dessus, pourquoi pas, allez hop ! Ah oui, et souvent il y a des guépards qui dorment dessus. Et les termites vivent dans ce gros tas de terre, et voilà, rien de compliqué dans tout ça. Ami lecteur, tu me diras : « C'est juste des insectes qui font des tas de boue, c'est bon, tu peux parler des lions maintenant ? En plus si ça se trouve ils n'ont même pas le Wi-Fi dans leur monticule, bouh, les primitives bestioles ! » Mais tu es un ouf, cher lecteur, si je puis me permettre. Un méga-ouf, même. Car oui, cher lecteur adoré, les termitières ne sont rien de moins que des chefs-d'œuvre d'architecture. C'est parti pour la visite guidée.

Pour commencer, une précision importante : termite est un nom masculin, on dit « un » termite. En pratique, la plupart sont asexués, comme chez les fourmis. Ensuite, mettons les choses à l'échelle : les termites atteignent rarement le centimètre alors que certaines termitières atteignent jusqu'à 9 mètres de haut. Même si la moyenne reste aux alentours de 2 à 3 mètres, les habitations des termites sont 500 fois plus grandes qu'eux : c'est comme si nous vivions tous dans des immeubles d'un kilomètre de haut ! Le Burj Khalifa, la plus haute construction humaine, atteint péniblement les 830 mètres…

Leur outil principal ? Leurs mandibules ! Le matériau de base ? Un mélange de sol, d'excréments (oui, ce n'est pas très glamour) et de salive (oui en plus ils les mâchent). Ce béton appliqué en couches sèches devient dur comme de la pierre.

Le dôme qu'ils construisent est traversé d'innombrables galeries, que l'on peut à loisir remplir de plâtre et observer ensuite tranquillement. C'est la méthode de l'« endocasting » : on verse le plâtre dans la galerie principale (en tuant tout au passage), on attend que ça sèche et on gratte tranquillement ce qui reste. Le résultat final est le moulage intérieur de la termitière, une structure complexe faite de chambres et de tunnels.

Deuxième révélation : les plusieurs millions de termites d'une colonie n'habitent pas dans ce dôme hors du sol. Ils passent leur temps dans des loges situées sous la surface du sol où ils vivent, font de l'agriculture de champignon et stockent de la nourriture : c'est le « nid ».

Cette colonie, composée de quelque 5 kilos de termites et de 40 kilos de champignons, respire autant qu'un animal de la taille d'une chèvre ! Il faut donc évacuer la chaleur et le dioxyde de carbone produits par la respiration, et les remplacer par un air oxygéné frais. À quoi sert le dôme dans ce cas ? Le dôme sert de cheminée, c'est un régulateur de chaleur et d'oxygène passif. Oui, les termites ont inventé la maison bioclimatique il y a 200 millions d'années !

Les termitières sont des systèmes de conditionnement naturels de l'air, sans intervention d'un architecte ou même d'un système nerveux complexe. Juste la participation anonyme de plusieurs centaines de milliers d'individus. Comment ça marche ? Pendant longtemps (depuis les années 1960 en fait), on a pensé que les termites

La méthode de l'« encodasting » est un moulage en plâtre de la tuyauterie interne de la termitière.

construisaient un dôme poreux pour que le vent s'y engouffre et rafraîchisse la termitière, un peu comme les tours à vent de Perse. L'idée était la suivante : avec toutes ces galeries qui connectent les profondeurs de la termitière avec l'extérieur, si du vent traverse le dôme de surface cela produit une dépression qui aspire l'air chaud venant du bas : c'est ce qui fait qu'une cheminée « tire » bien. Dans ce modèle, la termitière se refroidit par convection, un phénomène analogue à ce qui se passe lorsqu'on ouvre les fenêtres dans une maison.

D'ailleurs, ce phénomène marche vraiment : un immeuble zimbabwéen a été construit sur ce principe et, en effet, il consomme 90 % moins d'énergie tout en économisant 700 000 $ de climatisation par an. Cependant, même si ce principe marche très bien pour refroidir des immeubles humains, ce n'est pourtant pas comme ça que les termitières fonctionnent !

Les termitières ont une structure en deux parties : d'un côté le dôme visible, qui est traversé par de nombreuses et grosses galeries où le vent pénètre facilement, et de l'autre le nid où tout le monde habite. Dans les loges du nid où vivent les termites, les passages sont très étroits (quelques millimètres de diamètre) et sont connectés dans un réseau dense de petites chambres qui ressemble à un gruyère avec beaucoup de petits trous. Dans cette « éponge » très dense, l'air ne peut pas circuler massivement, et il s'ensuit que le modèle qui postule que le nid de la termitière respire et se refroidit par des mouvements d'air importants est au moins en partie faux ! Il y a bien des mouvements d'air dans le dôme, mais ils ne semblent pas atteindre le nid. Une meilleure analogie pour comprendre est celle des poumons : dans les poumons, l'air que l'on inspire passe par trois phases : À l'entrée, il descend dans un mouvement de masse rapide dans la trachée. À l'extrémité terminale des poumons que sont les alvéoles, les échanges gazeux ne se font plus par mouvements de masse, mais par diffusion, car les tubes sont trop fins pour permettre des déplacements importants d'air. Et au milieu ? L'air subit l'influence mixte de la trachée (échanges par convection) et celle des alvéoles (diffusion), avec une dynamique très compliquée.

C'est ce régime particulier qui assure la communication entre deux systèmes différents, et c'est la même chose dans la termitière : dans l'éponge-gruyère au fond de la termitière, l'air circule par diffusion tandis que dans le dôme où les passages sont plus larges, l'air circule par mouvements de masse. Et au milieu règne un régime intermédiaire ! Ce qui permet à la termitière de régénérer l'air du nid est donc ce fameux régime transitoire qui fait interface. Son fonctionnement est encore sujet à étude, mais deux pistes essentielles sont explorées.

La première idée est que les vents soufflant sur la termitière provoquent quand même une aspiration « effet cheminée » dans la colonne d'air du dôme. Comme on l'a vu précédemment, cela ne suffit pas pour renouveler l'air du nid, mais provoquerait des oscillations dans la masse d'air supérieure qui seraient suffisantes

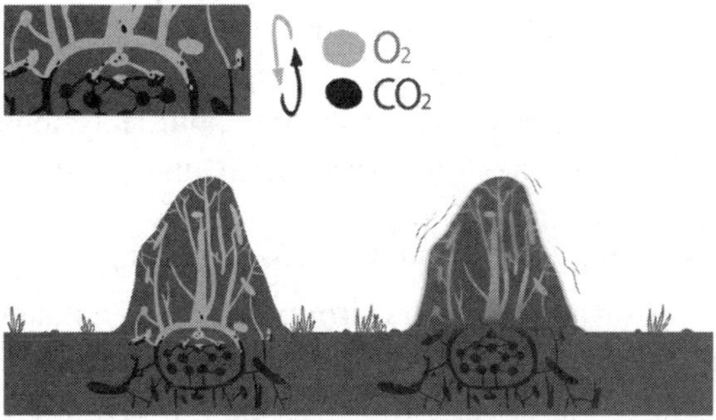

Deux mécanismes existent pour expliquer la respiration des termitières : le « pendelluft » et le mixage acoustique.

pour mélanger un peu les deux couches, et à terme rafraîchir un peu le nid : c'est le mécanisme nommé « pendelluft ».

L'autre hypothèse est musicale : on a vu tout à l'heure que le cône de la termitière était constitué de nombreux tubes, comme un orgue. Lorsque le vent extérieur s'engouffre dans la cheminée, il ferait vibrer certains de ces tubes à des fréquences très basses : les infrasons. On peut en faire l'expérience chez soi, en enfermant de la fumée dans une bouteille. Au bout d'un temps, la fumée va descendre au fond de la bouteille. En appliquant une vibration basse fréquence à la bouteille, les deux strates peuvent se mélanger très vigoureusement ! Ce phénomène, appelé « mixage acoustique », serait suffisant pour mélanger les couches d'air de la cheminée et du nid.

Conclusion sexy : les termites utilisent un orgue pour respirer. Ces deux effets sont tellement efficaces qu'ils sont étudiés pour améliorer la ventilation des mines de grandes profondeurs.

Nous avons donc une jolie preuve que les termites sont d'excellents bâtisseurs. Mais ils ne sont pas que de bons ingénieurs, ils sont aussi de bons agriculteurs : ils cultivent (littéralement) un champignon de la famille des lépiotes, qu'ils nourrissent avec des restes de végétaux prémâchés. Celui-ci s'occupera d'accomplir les étapes délicates de la digestion de la cellulose, trop résistante pour le système digestif des termites. Les termites consomment ensuite les sucres fournis par le champignon symbiotique.

Leur talent ne s'arrête pas là : les termites sont des espèces « clés de voûte » pour les savanes car leurs termitières accélèrent la formation des sols, augmentent la taille et le nombre de fruits des arbres autour, améliorent la fertilité des insectes qui vivent à proximité et boostent de façon générale la productivité primaire tout autour d'elles, à tel point que c'est visible par satellite !

6

La ola des impalas

Des antilopes qui mangent de l'herbe, ce n'est probablement pas la scène la plus spectaculaire que vous ayez vue de votre vie. Et pourtant, derrière le comportement répétitif de ces bovidés se cache une merveille de l'évolution, un comportement de groupe qui partage une mécanique commune avec de nombreux autres phénomènes curieux comme les nuées d'étourneaux, les applaudissements après un concert, les bancs de poissons en chasse, les lucioles clignotantes ou les embouteillages sur le périphérique !

Les antilopes, contre toute apparence, ne sont pas (trop) bêtes. C'est-à-dire qu'elles vont tenter d'adapter leur comportement afin de maximiser leurs chances de survie. Première stratégie adoptée : le regroupement. Vivre en groupe permet de diviser les probabilités de se faire manger, et ce, par autant de compagnons qu'il y a dans les environs, c'est l'effet de « dilution » du risque. Si j'ai dix voisins, j'ai dix fois moins de risques d'être la cible de la prochaine attaque de lion que si je suis tout seul. L'autre intérêt majeur du groupe est la multiplication du nombre d'yeux : il y a plus d'individus pour surveiller qu'il n'y a pas un prédateur prêt à passer à table dans les environs, et donc plus de chances de détecter une attaque surprise.

Une vigilance communautaire au service de la survie de chacun, donc. Normalement, ces deux effets permettent de justifier en grande partie l'intérêt de la vie en groupe : chaque fois qu'on double le nombre de copains qui mangent à côté, on divise de beaucoup les risques de se faire manger.

Mais si les antilopes étaient encore plus malignes, elles pourraient décider de se coordonner un peu pour diminuer les efforts : « Pendant que toi tu regardes, moi je mange et on change de rôle dans dix minutes, d'accord ? » Il suffirait ainsi d'un seul individu vigilant pour que tous les autres ripaillent tranquillement. Mais les antilopes sont de vrais moutons. Au lieu d'avoir un individu sentinelle qui se désigne pour le bien collectif, elles utilisent une stratégie de copie du voisin. « Si mon voisin lève la tête pour guetter les environs, je vais être interpellé et lever aussi la tête, afin de vérifier que le voisin n'aurait pas vu quelque chose d'important. S'il la baisse, c'est qu'il est rassuré et qu'a priori il n'y a pas de danger ; je vais pouvoir me remettre à manger aussi. » Chaque individu est en fait tiraillé entre le besoin de manger et l'envie de copier le comportement du voisin. Cette copie simple de « proche en proche » déclenche de véritables vagues de vigilance qui se propagent dans le groupe, exactement comme une ola dans un stade après un but. L'apparition de ces vagues de vigilance collective est un cas parmi de nombreux autres où des comportements complexes à l'échelle du groupe sont en fait générés par des règles très simples (ici, la copie), répétées de nombreuses fois à une échelle locale (ici, de voisin en voisin).

Comment un tel comportement peut-il être sélectionné à l'échelle individuelle ? En fait, il faut se souvenir que l'important dans l'évolution, ce n'est pas de courir le plus vite, mais de courir plus vite que son voisin. En effet, les prédateurs ont plus de chances d'attraper des individus non vigilants que des individus qui étaient déjà sur le qui-vive. Si vous êtes un individu vigilant entouré de non vigilants, ils se feront bouffer avant vous ! Autant dire qu'être le

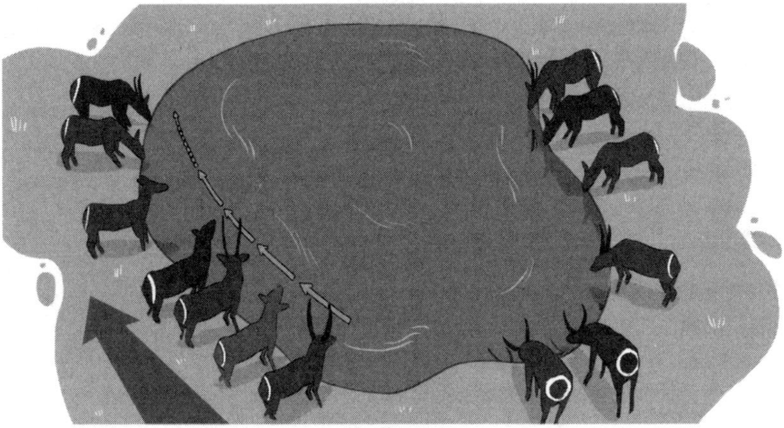

La vigilance peut se transmettre de proche en proche
entre les individus au point d'eau.

dernier à se rendre compte de l'imminence d'une attaque n'est pas la meilleure des situations, et une bonne façon pour éviter d'être en retard est donc de copier ses voisins dès qu'ils deviennent vigilants. Ces phénomènes complexes issus de règles simples sont qualifiés d'« auto-organisés » : c'est en comprenant les règles simples qui motivent chaque individu que l'on peut interpréter le résultat final complexe au sein du groupe.

Un autre cas célèbre est celui des bancs de poissons. Les poissons peuvent former des groupes de cinq mille individus de sexes et d'âges très différents. Et pourtant, ils arrivent à former des groupes tellement homogènes et synchronisés que l'on pourrait croire qu'il s'agit d'un superorganisme, avec un système nerveux bien à lui. Dans le cas du banc de poissons, les règles sont à peine plus compliquées que pour la vigilance des antilopes bien qu'il soit question de synchroniser des mouvements en trois dimensions !

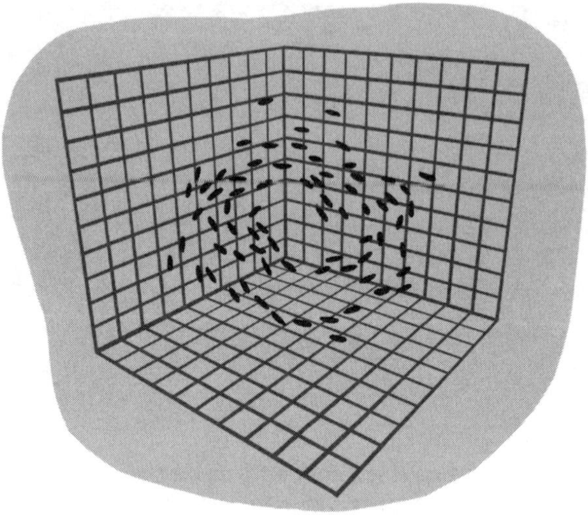

Les simulations des bancs de poissons sur ordinateur permettent de mettre en évidence les règles qui sous-tendent ces groupes.

Pour obtenir un banc de poissons très organisé, la recette est simple et elle n'implique que trois ingrédients : premièrement, un comportement de répulsion à courte distance. Si mon voisin est trop proche de moi, je vais m'éloigner un peu. Non, mais, je ne suis pas une poiscaille facile ! Deuxièmement, un comportement d'attraction à longue distance. Si je suis trop loin du groupe, je m'en rapproche. Il ne faudrait pas que je sois isolé et que je me fasse béqueter par un prédateur non plus. Ces deux comportements sont nécessaires à la cohésion d'ensemble du banc de poissons. Et troisièmement, je copie mon voisin : je vais dans la même direction que lui. C'est cette copie de l'alignement entre individus qui permet que tous les poissons puissent changer de direction brusquement, et cela peut se faire très rapidement. La copie se propage à travers le groupe à la vitesse des réflexes de chaque individu.

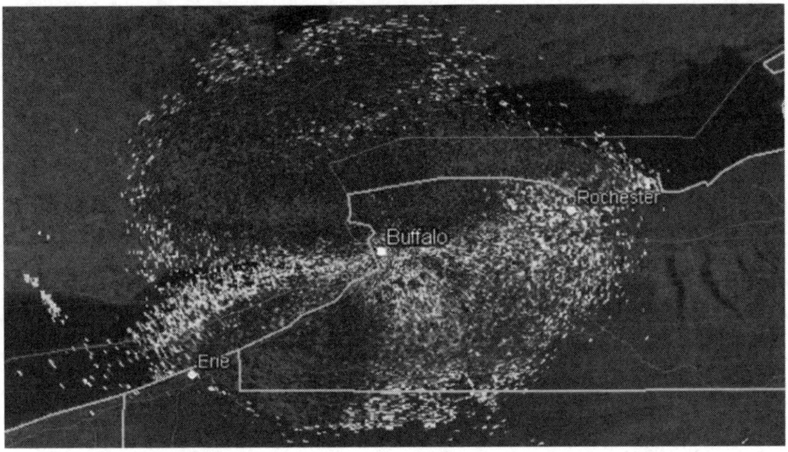

L'agrégation des oiseaux, ce n'est pas de la blague : le diamètre de cette « galaxie » d'oiseaux, repérée par radar, est de 240 km !

Pour bien prouver que l'on pouvait expliquer ces phénomènes complexes avec une multitude de petites règles simples, des chercheurs ont simulé des poissons virtuels mus par un algorithme constitué de ces trois règles. Et les poissons virtuels ont bel et bien formé des bancs homogènes, pouvant réagir très vite à l'attaque d'un prédateur virtuel ! Avec ce modèle à trois règles, très simple, ces chercheurs ont pu expliquer de nombreux phénomènes des comportements de groupe allant des bancs de poissons aux nuées d'étourneaux, en passant par les foules humaines.

Le modèle a permis de mieux comprendre comment fonctionnaient les masses de personnes en panique, comme des supporters fuyant un incendie dans un stade, par exemple. En effet, dans ces cas-là, les personnes répondent individuellement à quelques lois très simples : éviter les autres humains, éviter les murs, fuir le plus vite possible. Grâce à des simulations, les chercheurs ont pu proposer des systèmes plus performants pour mieux évacuer les supporters en panique, en évitant les phénomènes catastrophiques de blocage au niveau des portes de sortie, par exemple.

En parlant de phénomènes humains, il y en a un qui se produit très souvent quand des gens veulent exprimer leur satisfaction en groupe : ils tapent dans leurs mains de façon frénétique et rythmique (sauf les sourds-muets, qui agitent leurs poignets). Le but du jeu : faire le plus de bruit possible pour montrer son appréciation de la performance et donc taper le plus souvent possible (avec la fréquence la plus élevée). Mais d'un autre côté, on aime bien aussi taper comme tout le monde car les battements rythmiques de toute une foule de spectateurs forment un phénomène collectif grisant. On est face ici à deux règles simples qui permettent de reproduire les cycles de désynchronisation (vacarme non structuré) – synchronisation (tout le monde applaudit en même temps) que l'on entend souvent lors d'un concert : chaque individu est tiraillé entre le désir de frapper souvent pour faire beaucoup de bruit et la nécessité de réduire sa fréquence d'applaudissement pour se synchroniser avec ses congénères. Il existe donc deux modes d'applaudissement qui sont en compétition et la synchronisation de voisin en voisin mène à des vagues d'applaudissements à l'échelle de la salle de concerts. Rappelez-vous, les antilopes ont aussi deux comportements mutuellement exclusifs, manger ou être vigilante, et elles se copient aussi de proche en proche ; la mécanique semble être la même ! Serions-nous des antilopes ?

Essayons de tirer quelques généralités. Nous avons vu que les manifestations complexes d'ensemble n'étaient pas dues à la complexité à l'échelle individuelle, car l'on peut très bien avoir de spectaculaires phénomènes, comme les nuées d'étourneaux, avec trois règles simples. Ces manifestations sont plutôt dues à la répétition de proche en proche de règles simples… En fait, il semble que n'importe quel système constitué de plusieurs composants très connectés puisse faire preuve d'une telle dynamique. On appelle ce type de processus des phénomènes « auto-organisés », où un ensemble d'interactions locales organisent un système, sans planification préalable.

Pour que cette expression collective émerge, il faut réunir deux conditions. La première est l'existence de seuils à dépasser, par exemple, avoir de nombreux individus qui interagissent beaucoup entre eux. Il semble en effet que l'on rencontre une taille critique en dessous de laquelle le comportement collectif ne prendra pas. Il faut plus d'une seule personne pour lancer une salve d'applaudissements à l'échelle d'une salle de concerts, et c'est d'ailleurs le rôle des chauffeurs de salle : constituer une masse critique afin qu'un morceau ne se termine pas en bide... Pour les bancs de poissons, les seuils sont spatiaux : il existe un périmètre de répulsion en deçà duquel un individu va s'éloigner de ses voisins et un périmètre d'attraction au-delà duquel il va se rapprocher de ses congénères. Ensuite, il faut des cercles vicieux ou vertueux, plus généralement nommés boucles de rétroactions. Les rétroactions positives (« plus il y en a, plus il y en a ») sont essentielles à l'émergence de phénomènes auto-organisés. Par exemple, plus il y a d'antilopes vigilantes dans mon entourage, plus je serai vigilant moi-même. Plus il y a de voisins poissons qui s'alignent dans une direction donnée, plus les poissons du groupe s'aligneront vite. Plus il y a de gens qui applaudissent, plus de nouveaux individus taperont dans leurs mains. Combinée aux effets de seuils, cette mécanique très simple explique la formation des vagues de vigilance de façon élégante : lorsque j'ai suffisamment de voisins qui sont vigilants, je copie et suis vigilant à mon tour. Lorsque ce nombre de voisins diminue en dessous d'un seuil donné, je retourne tranquillement à l'alimentation. Et lorsque ce mécanisme se propage de voisin en voisin, il se forme des avalanches de vigilance très brusques, car ce sont des phénomènes qui s'accélèrent avec le nombre d'individus qui y participent. Bien sûr, il existe une autre condition préalable pour que ces fabuleux phénomènes se produisent : les individus doivent se copier aveuglément, ou autrement dit, ils ne doivent pas trop différer dans leurs motivations.

Résumons la recette des comportements collectifs auto-organisés. Premièrement, de nombreux individus se copiant aveuglément ou mus par les mêmes motivations. Deuxièmement, un ensemble de règles simples définissant leur comportement vis-à-vis de leurs congénères proches. Et enfin, des seuils définissant la limite à partir de laquelle s'enclenchent des boucles de rétroactions. L'idée générale est donc que des comportements en apparence complexes sont le résultat de nombreuses interactions simples. Tout comme certains comportements humains apparemment complexes peuvent être expliqués avec quelques petites règles simples qui ne postulent pas, par exemple, l'existence d'un très gros cerveau !

Les comportements collectifs sont très simples à produire, particulièrement lorsque les individus ne diffèrent pas trop entre eux. Ils sont tellement simples qu'il y en a partout ! Une petite liste à méditer : les embouteillages sur la route ; les krachs boursiers dus à la copie massive des spéculateurs dans les systèmes financiers ; les lucioles qui se synchronisent en émettant des flashs de lumière ; et, bien sûr, la synchronisation des éléments d'un écosystème ou « transition catastrophique », dont on parlera dans un prochain chapitre.

7

Dictatures d'éléphants, démocraties de buffles

Dans l'article précédent, nous avons vu qu'il suffisait de peu pour générer des comportements collectifs complexes : réunir de nombreux individus motivés par un ensemble de règles et de seuils de décision, se copiant les uns les autres de façon répétée. Mais, bien sûr, il faut que ces individus n'aient pas de besoins trop différents et que suivre les autres ne génère pas de conflits d'intérêts majeurs, sinon ces individus auront de la peine à se synchroniser efficacement entre eux.

La question se pose cependant : comment s'accordent des individus d'un groupe lorsqu'ils ont des intérêts très différents, ou des opinions dissemblables ? Il existe deux réponses extrêmes : d'un côté le despotisme où un individu unique prend les décisions pour les autres, et de l'autre le « consensus équitablement partagé », une démocratie où chaque individu participe également au choix final. Pour comprendre les intérêts respectifs de l'une et de l'autre, il faut faire un peu de théorie. Mais promis, ce n'est pas vraiment compliqué. Pour commencer, imaginons que vous soyez passager du *Titanic 2*. Une nuit, le capitaine doit prendre une décision difficile :

contourner un iceberg par la gauche ou par la droite. Il est certes marin, mais c'est aussi un statisticien fou doublé d'un démocrate convaincu, et il décide de convoquer un groupe de 101 passagers dont vous faites partie, et vous demande à chacun de voter pour l'une des deux solutions suivantes : soit il tire la barre à gauche, soit il la tire à droite. À la fin du vote, il exécutera aveuglément le choix de la majorité sans poser plus de questions. Bien sûr, chaque passager est individuellement plutôt mauvais pour prendre de telles décisions, disons qu'il a 40 % de risques de se tromper. C'est-à-dire que chaque passager fait à peine mieux que s'il tirait sa réponse à pile ou face, car alors le résultat serait exactement « 50 % de chances de se tromper ». Le capitaine vous jette un regard alcoolisé alors que vous vous débattez avec votre vote. Et pas le droit de copier sur les voisins, c'est un vote à plis discrets ! C'est l'horreur, vous êtes sûr que le bateau va s'éclater contre la glace et que tout sera de votre faute. Pendant que vous réfléchissez à la suite d'erreurs cumulées qu'est votre misérable existence, le capitaine vous explique que si vous angoissez, c'est parce que vous êtes nul en statistiques. Vous ne voyez pas trop le rapport, vous pensez qu'il s'agit plutôt d'une question de natation ici. Il vous explique : « Si chaque passager a 40 % de risques de faire une erreur, ça veut aussi dire qu'il a 60 % de chances d'être juste. Dans ce cas-là, tout se passe comme si on tirait 101 fois une pièce qui a un peu plus (+ 10 %) de chances de tomber d'un côté que de l'autre. Au final, le nombre de fois où notre tirage aura dit « gauche » ou dit « droite » est en fait décrit par une loi binomiale, la même loi qui prédit le résultat de plusieurs lancers de pièces de monnaie ! Il suffit d'appliquer bêtement la formule binomiale. Le résultat est que la majorité de 101 votes aura raison dans 99 cas sur 100. »

Ici, avec chaque personne ayant une probabilité d'avoir juste de 60 % et une majorité de 51 personnes, on obtient le graphique ci-contre, où l'on fait varier sur l'axe horizontal le nombre de personnes qui se joignent au vote.

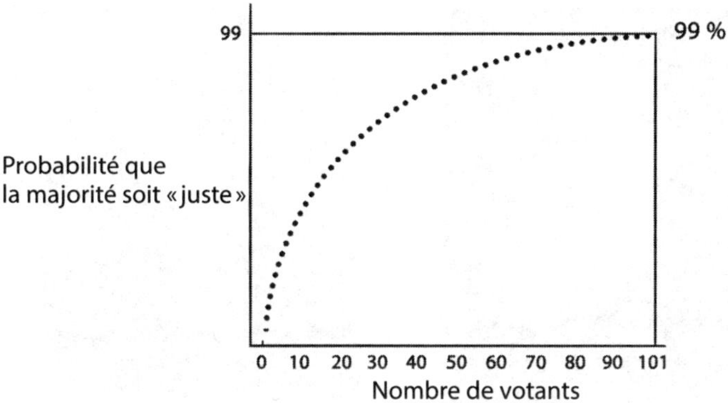

Avec un nombre de passagers votant de 101, on obtient une « probabilité que la majorité (51 personnes) soit juste » de 99 % !

Cela implique que, même si chaque individu a « seulement » 60 % de chances d'avoir bon, un vote à la majorité cumulant les opinions aurait 99 chances sur 100 d'avoir juste. Vous finissez par voter, la majorité a raison et vous échappez de justesse à l'iceberg et surtout, surtout, au générique avec la chanson de Céline Dion. Soulagement. La découverte que sous certaines conditions, un ensemble d'individus est plus précis qu'une seule personne a été faite par de nombreux chercheurs au cours de l'histoire. Parmi eux on citera Aristote (« multitude est meilleur juge », les *Politiques*), mais aussi le marquis de Condorcet – à qui l'on doit d'ailleurs l'analyse illustrée plus haut –, ainsi que Francis Galton, le cousin de Darwin.

Pour la petite histoire, Galton était un polymathe de talent, explorateur et statisticien de génie qui a travaillé sur des sujets allant de la génétique quantitative à la météorologie et connu pour avoir popularisé le duvet (sympa) et inventé l'eugénisme (moins sympa). Ce fascinant personnage apparaît souvent comme le double maléfique de Darwin, en particulier à cause de la récupération de ses idées

Charles Darwin et son cousin Francis Galton.
Notez la différence dans la répartition de la pilosité.

par l'idéologie nazie. Ce contraste entre les deux cousins est encore exacerbé avec la quasi-divinisation de Charles Darwin comme le père de la biologie de l'évolution, une science « libératrice » permettant de fournir des preuves scientifiques contre les contes bibliques et de ramener l'homme à sa place dans le vivant, tandis que Galton apparaît comme le mauvais scientifique qui utilise son savoir pour justifier des idéologies douteuses. À mon avis, il s'agit plutôt d'une histoire de look : Darwin avait la barbe du père Noël tandis que Galton avait d'immondes rouflaquettes qui ne vont à personne. Pas étonnant que personne ne l'aime.

Revenons à cette impressionnante capacité qu'a le groupe de trouver une réponse précise, même en étant composé d'individus imprécis. Francis Galton l'avait rencontrée en 1907, en étudiant les résultats d'un jeu qui se produit parfois dans les foires agricoles : le jeu du « devine-quel-poids-fait-mon-bœuf-et-tu-pourras-partir-avec ». Galton se rend compte qu'aucun des 800 participants ne s'approche du vrai poids de l'animal : 543,40 kilos. Individuellement, les paysans sont plutôt mauvais. Néanmoins, il constate que la moyenne de leurs estimations est de 542,95 kilos, soit seulement 450 grammes d'écart avec le vrai poids du bœuf. Étrange précision collective, purement statistique ! Exactement 100 ans plus tard, en 2007, Scott E. Page publie un article démontrant que la diversité des individus qui composent la foule est essentielle pour la précision finale. Selon son théorème :

Erreur collective = Erreur individuelle moyenne – Diversité des prédictions.

Pour diminuer l'erreur collective, on peut soit diminuer l'erreur de chaque individu, soit augmenter la diversité de ces individus (illustration en fin d'ouvrage, p. 131). C'est joli toutes ces maths, mais en pratique, les animaux votent-ils démocratiquement, oui ou non ? Et comment font-ils ?

Chez les animaux, le vote est à main levée : les votes se font par une posture consacrée, une gestuelle particulière ou un son particulier. Citons le choix d'une nouvelle colonie chez les abeilles, qui exécutent des danses indiquant la direction et la distance du site voté, ou le départ pour un nouvel emplacement chez les hardes de buffles. Dans cette espèce, lorsqu'une femelle veut exprimer sa préférence, elle se lève, positionne son corps en direction de l'endroit où elle voudrait aller en levant ostensiblement la tête, et se recouche. Plusieurs femelles « votent » ainsi pour leur direction préférée, et le groupe marchera alors dans la direction moyenne des votes individuels, en moyennant les angles avec une précision très élevée (~3° d'écart à la moyenne des votants). Un bel exemple de démocratie. Dans le cas où il existerait plus d'une direction choisie, le groupe se scinde en deux.

Il existe en fait toutes sortes de méthodes pour voter : à la majorité (cerfs élaphes, gorilles), en moyennant les votes (buffles), par seuil ou « quorum » (abeilles). La théorie derrière les décisions collectives

Le vote des buffles se fait par le positionnement
du corps vers la direction souhaitée.

postule que le consensus est l'une des méthodes les plus efficaces : il maximise la précision du choix final par la « sagesse collective » et minimise les décisions extrêmes. En théorie, un groupe ne devrait accepter un despote que s'il existe un écart très important entre l'information que celui-ci possède et l'information que les autres possèdent, et ce n'est que dans cette situation que « suivre le chef » devient l'option la plus intéressante et donc celle qui est sélectionnée par l'évolution.

Sauf qu'en pratique, il y a beaucoup d'espèces qui optent pour le despotisme avec bonheur. En fait, les modèles théoriques prédisant la sagesse du groupe impliquent un tas de conditions pour fonctionner, et c'est là que le bât blesse. La première est sans doute la plus dure à remplir : pour que la sagesse des foules fonctionne et que les probabilités « s'accumulent » comme on l'a vu dans le cas du *Titanic 2*, il faut que les individus accomplissent leurs choix en

2. Les hyènes tachetées femelles (*Crocuta crocuta*) restent difficiles à distinguer des mâles, bien qu'elles soient en moyenne plus grosses qu'eux. Cela est dû notamment au fait qu'elles partagent de nombreuses caractéristiques anatomiques avec eux, comme un clitoris qui peut atteindre 18 cm de long et semblable à un pénis à l'œil nu (*voir p. 14*) ! On peut imaginer qu'insérer un pénis dans un pseudo-pénis n'est pas la gymnastique la plus simple au monde, d'où l'hypothèse suivante : peut-être ce pseudo-pénis permet-il aux femelles, en rendant la copulation très difficile, de choisir le mâle qui va la féconder ? En réalité, la raison évolutive de cet organe quelque peu déplacé est encore un mystère pour les biologistes… (© *Wikimedia commons, Stig Nygaard*.)

1 (*page précédente*). Un piquebœuf de la famille des *Buphagidae* s'apprête à atterrir sur le cou d'une girafe. Ces oiseaux se nourrissent des parasites nichés dans la fourrure des girafes – ce qui est bien –, mais ils ont aussi la désagréable manie de creuser les plaies avec leur bec pour boire le sang – ce qui est moins bien. C'est un excellent exemple de la frontière entre symbiose et parasitisme, qui est souvent ténue.

3. Ce groupe de gnous bleus (*Connochaetes taurinus*) se déplace vers un autre site d'alimentation. À la fin du XIXe siècle, l'introduction accidentelle du virus de la peste bovine en Afrique de l'Est a causé des dégâts considérables dans les populations de bovidés domestiques, mais également… sauvages, comme les buffles ou les gnous. En quelques années, ce *morbillivirus* s'est répandu sur l'ensemble du continent africain, en causant un nombre de morts qui est encore difficile à estimer, mais qui se compte probablement en millions. Heureusement, ce virus fait aujourd'hui partie du club très privé des maladies qui ont été entièrement éradiquées !

4. Une femelle impala observe deux mâles en compétition. La saison de reproduction est pourtant terminée pour ces mâles, il ne s'agit ici que d'un jeu sans enjeu de territoire.

5. Une harde impressionnante de plusieurs centaines de buffles (*Syncerus caffer*) s'est rassemblée au point d'eau Ngweshla. Leur arrivée brutale a un peu dérangé l'hippopotame résident du plan d'eau, donnant lieu à une confrontation impressionnante. Les buffles se déplacent en congrégations importantes, ce qui leur confère une sécurité supplémentaire grâce à la dilution de la prédation par le nombre, et par une vigilance de groupe.

6. Les groupes d'éléphants, menés par une matriarche, arrivent en masse au plan d'eau de Nyamandlovu, endroit connu pour ces rassemblements. Le nom est bien choisi, Nyamandlovu veut dire « beaucoup d'éléphants » en Ndébélé. L'âge de la matriarche est un facteur important qui joue sur la sécurité des membres du groupe, une vieille éléphante pouvant mieux réagir aux situations dangereuses grâce à sa longue expérience.

7. Les girafes se rapprochent des habitations en bordure du parc de Hwange à la nuit tombée. Elles y trouvent un refuge car les prédateurs n'osent guère s'aventurer entre les maisons. Cependant, des lions peuvent quand même tenter leur chance de temps à autre.

8. Voir un léopard actif en plein jour est une occasion rare. J'ai à peine eu le temps de sortir l'appareil photo qu'il était déjà en train de courir dans les hautes herbes, probablement pour aller se reposer en attendant la nuit, son moment de chasse de prédilection.

9. Des femelles koudous viennent s'abreuver au point d'eau à la tombée du soir. La vigilance est de mise car c'est une heure propice à la prédation, et ici, deux individus sont en éveil pour le reste du groupe. Plutôt que de se coordonner pour décider qui doit être vigilant, les koudous fonctionnent avec un système d'imitation de proche en proche : si mon voisin est vigilant, j'ai tendance à être vigilant aussi.

10. À première vue, il est difficile de s'extasier sur ce tas de boue, qui est tout ce qu'il reste d'une colonie de termites abandonnée. Pourtant, le tronc d'arbre mort qui dépasse du monticule nous indique que la colonie générait une importante fertilité du temps de son activité. D'autre part, l'architecture interne complexe et les solutions trouvées par les termites pour ventiler le nid méritent bien que l'on s'émerveille quelques secondes sur ledit tas de boue.

11. Rayures fines, rayures épaisses, rayures « ombrées » ou non, le motif du pelage des zèbres varie beaucoup d'un individu à l'autre. Avec un peu d'entraînement, on peut les distinguer à l'œil nu, ce qui est très pratique lorsque l'on veut les étudier sur le terrain ! À savoir : les rayures – blanches sur fond noir – du flanc droit et du flanc gauche d'un zèbre ne sont absolument pas symétriques. Plusieurs modèles existent pour tenter d'expliquer les mécanismes qui sont impliqués dans la formation des rayures. L'une des premières personnes à avoir proposé des idées concrètes sur le sujet n'est autre qu'Alan Turing, l'un des pères de l'informatique ! Dans un article fondateur, « The Chemical Basis of Morphogenesis », paru en 1952, il propose que les rayures finales soient le résultat de nombreuses interactions locales qu'il appelle des processus de « réaction-diffusion ». Ses idées ont aidé à comprendre de multiples phénomènes en biologie…

12. Même si plusieurs auteurs ont suggéré que les rayures servaient aux zèbres à se reconnaître les uns les autres, les hypothèses les plus sérieusement envisagées aujourd'hui sont beaucoup plus… exotiques (*voir p. 37*) !

13. Ce poulain n'a pas plus de quelques mois : ses rayures tirent encore sur le marron, à l'instar des nouveau-nés qui ont un pelage couleur chocolat. Avec l'âge, ses poils noirciront et deviendront moins touffus.

14. Ce jeune mâle koudou (*Tragelaphus strepsiceros*) surveille les environs avec précaution au coucher du soleil : c'est une heure très dangereuse pour les herbivores de la savane car de nombreux prédateurs comme les lions se mettent en chasse à la tombée du jour.

16 (*page suivante*).
Le soleil est à peine couché que les étoiles sont visibles sur la voûte céleste. Pas de pollution lumineuse pour les bousiers, qui peuvent alors tranquillement pousser leur boule d'excrément favorite en direction de leur terrier, tout en s'orientant grâce aux étoiles.

15. Ces impalas (*Aepyceros melampus*) vivent dans un groupe comportant plusieurs dizaines d'individus. Cette population fait l'objet d'études répétées depuis des années car les chercheurs se posent de nombreuses questions : quels sont les facteurs qui influencent la vigilance des impalas, et dans quelles proportions ? Quelles sont les relations écologiques entre les impalas et les autres herbivores ?

17. Un jeune lionceau, photographié dans le parc de Serengeti. Dans le cas où son père se ferait déloger du groupe par un autre mâle, le petit pourrait bien être en grave danger… « Grave danger » est un euphémisme car, lors d'un remplacement de mâle, le nouvel arrivant tue systématiquement les petits. (© *Flickr, ganesh_raghunathan*.)

18. Bien qu'il ne pèse qu'une dizaine de kilos pour une taille inférieure à un mètre, le ratel est un condensé d'agressivité et d'exploits potentiels. Il court à reculons, vise les testicules, attaque des buffles et supporte des morsures de serpent. La définition même du mot « badass ». (© *Anthony Bannister/Photoshot*.)

19. À gauche : Nid d'oiseau jardinier (*Ptilonorhynchus violaceus*). Cet oiseau courtise les femelles en agrémentant le nid de bouts de plastique. (© *Flickr, thinboyfatter*.) À droite : Nid constitué de fil nylon bleu. Les exemples de réutilisation d'objets humains chez les animaux ne manquent pas. Les influences de l'humanité sur la biosphère ne s'arrêtent pas aux dégâts écologiques et entraînent des modifications de comportement souvent inattendues ! (© *Flickr, minicooper93402*.)

20. Un point d'eau naturel à la fin de la saison humide dans le parc de Hwange. Celui-ci étant peu profond, il finira par s'assécher avec l'avancement de la saison sèche, et sera progressivement déserté par les mammifères qui venaient y boire.

21. Une piste d'atterrissage abandonnée, au milieu de la saison sèche. Les herbes se sont progressivement desséchées pour prendre cette couleur dorée, mais les premières pluies de la saison humide reverdiront très vite les lieux. La concentration des pluies pendant une seule saison de quelques mois implique que les êtres vivants se sont adaptés à ce rythme, par une morphologie particulière ou des comportements de migration. Avec l'arrivée des pompes à diesel, les habitudes migratoires ont beaucoup changé dans le parc de Hwange, en particulier chez les éléphants.

22. Ce singe vervet (*Chlorocebus pygerythrus*) fouille les poubelles des habitations humaines à la recherche d'une nourriture riche et facile à récupérer. À plusieurs endroits du globe, de nombreuses espèces de singes sont devenues commensales de l'homme, et se nourrissent de ses déchets… ou infiltrent les cuisines pour voler de la nourriture !

24 (*page suivante*). Une girafe au coucher du soleil finit ses dernières bouchées de feuille d'acacia, dans le parc de Hluhluwe-Umfolozi, en Afrique du Sud.

23. Ces choucadors du genre *Lamprotornis* vivent autour des installations touristiques du parc de Hwange et se nourrissent des restes de repas laissés par les visiteurs, venus observer la grande faune. Ils sont donc complètement habitués aux humains, ce qui leur permet d'avantageusement profiter des nombreux déchets générés par les touristes !

toute indépendance d'esprit. Si les personnes peuvent se parler, alors elles peuvent se convaincre, et c'en est fini de l'indépendance d'opinion : il peut alors y avoir la formation d'agrégats d'opinions qui vont empêcher l'effet statistique vertueux prédit par le marquis de Condorcet. Or, dans le règne animal, il existe de nombreuses situations où les individus se copient fortement. Par exemple, on sait que le milieu social influence beaucoup les décisions des humains !

Dans les années 1950, Solomon Asch a même réalisé une expérience pour le prouver : il montra la figure ci-dessous à des étudiants, en leur demandant d'identifier la ligne de gauche parmi les trois lignes de droite, tout en prétextant qu'il s'agissait d'une étude sur la perception visuelle. Lorsque les étudiants sont seuls (et qu'ils ont des yeux qui fonctionnent), ils répondent juste à 99 % : la ligne C. Mais Asch s'intéressait au poids de la pression sociale, et il refit l'expérience avec des étudiants « complices », tout en maintenant leur rôle caché aux yeux de l'étudiant testé : celui-ci devait penser qu'il participait à un test de vision au milieu d'autres étudiants normaux !

Les comédiens et le cobaye furent assis autour d'une table, et tour à tour chaque complice donnait sa réponse à haute voix : Asch avait demandé aux acteurs de donner une réponse systématiquement fausse. Le cobaye était l'un des derniers à donner la sienne, après avoir entendu l'opinion de tous les autres étudiants acteurs. Les résultats sont très clairs : trois quarts des personnes testées se sont laissés influencer au moins une fois, en donnant la même réponse que les autres participants, tout en sachant que c'était la mauvaise.

Un exemple extrême de despotisme est celui des éléphants d'Afrique. Chez les éléphants, les femelles et les mâles vivent séparément. Les groupes de femelles et leurs petits sont dirigés par une femelle dominante à vie, la matriarche (*photo 6*). C'est aussi en général la plus vieille du groupe, et sachant que ces pachydermes peuvent vivre jusqu'à 60-70 ans dans la nature, la matriarche est aussi un individu très expérimenté qui sait au mieux diriger son

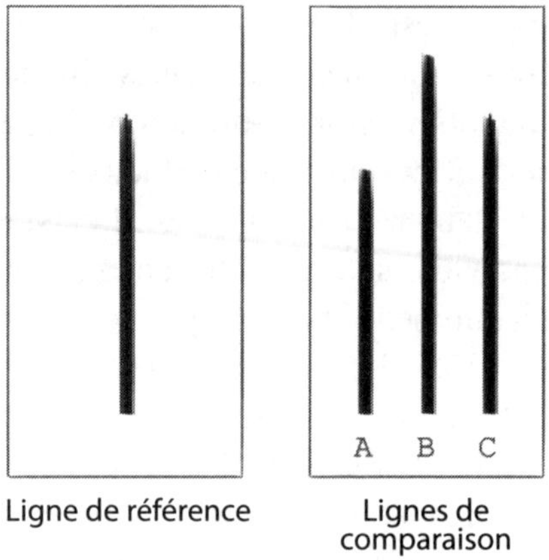

L'expérience du conformisme social de Asch.

groupe à travers les pièges de la savane (prédateurs, famine, sécheresse). En effet, après avoir passé des cris de lions sur haut-parleurs à des groupes d'éléphantes menées par des matriarches de différents âges, des chercheurs se sont rendu compte que plus la matriarche était vieille et plus la harde réagissait de façon rapide et précise à la simulation de prédation : une vieille matriarche était capable de distinguer un cri de lion mâle d'un cri de lion femelle, et manifestait une attention accrue dans le premier cas, ce qui n'était pas forcément le cas des jeunettes.

L'explication est donc toute trouvée : le despotisme a évolué ici parce que certains individus ont le temps d'avoir une expérience beaucoup plus importante que les autres ; on retrouve un déséquilibre énorme d'informations entre le despote et les autres. Bref, comme le disait Francis Bacon : « Savoir, c'est pouvoir. »

Mais le cas des éléphants est particulier : pour que l'expérience s'accumule ainsi, il faut avoir une longue espérance de vie, et une bonne mémoire (… d'éléphant !), autant dire que ça ne suffit pas à expliquer l'émergence de cette fameuse hiérarchie chez toutes les autres espèces où on la rencontre, et il existe d'autres hypothèses.

L'une d'entre elles propose que les chefs soient les individus ayant le plus de besoins physiologiques. Chez les zèbres, c'est la femelle portant un petit qui mènera le groupe au point d'eau, car c'est elle qui a besoin de boire le plus souvent. Les autres individus suivent bon gré mal gré, car conserver la cohésion du groupe est dans leur intérêt. Une autre idée classique est que les chefs sont des individus plus gros, plus lourds, et avec une personnalité plus agressive. Avec leur condition physique, ils peuvent s'imposer dans la compétition entre mâles pour l'accès aux femelles et donc monopoliser la reproduction (babouins, zèbres), et/ou se placer ainsi au centre d'un réseau social où ils résolvent les conflits (chimpanzés) et, au final, améliorent la coordination totale du groupe. Dans cette situation, les « dominés » souffrent des erreurs inévitables commises par la hiérarchie, mais y gagnent en cohésion sociale qui est souvent un élément vital face aux dangers de la vie, comme la prédation. Bref, les inégalités du pouvoir sont une solution à un compromis entre précision et cohésion du groupe.

Résumons : un effet purement statistique implique qu'un groupe d'individus indépendants et diversifiés peut offrir des solutions précises là où chaque individu n'aurait qu'une vague idée de la conduite à tenir. Ces bases mathématiques expliquent pourquoi la démocratie « fonctionne ». On en observe de nombreux exemples dans la nature (buffles). Cependant, de nombreux cas de structures sociales hiérarchisées existent aussi, qui peuvent se mettre en place lorsque certains individus sont vraiment plus expérimentés que d'autres (éléphants), lorsqu'ils sont capables de résoudre des conflits de groupe (chimpanzés) ou lorsqu'ils possèdent des besoins plus importants (zèbres). Restons prudents toutefois : tous les régimes despotiques chez les espèces animales ne s'expliquent pas si facilement et l'organisation sociale des animaux est un sujet très actif de la recherche en écologie comportementale. Parions sur le fait qu'elle permettra un jour de nous aider à concevoir des régimes politiques plus efficaces !

8

Sexe, manipulation et antilopes

Manipuler les autres pour qu'ils agissent selon votre bon plaisir, manipuler le sexe opposé pour avoir plus de chances de se reproduire avec… on se croirait dans un épisode de *Dallas*, et pourtant on est en savane : les mâles Topi, une antilope du Kenya, arrivent à persuader les femelles éprises de liberté de rester sagement dans leur harem. Mieux : non seulement ils empêchent les fugueuses fertiles de partir mais en plus ils en profitent pour copuler. Comment s'y prennent-ils, ces petits filous ?

C'est assez simple : lorsque la femelle commence à quitter le territoire du mâle, celui-ci pousse un cri d'alarme qui est habituellement utilisé pour signaler la présence d'un prédateur caché dans les hautes herbes. Le mâle est un excellent acteur, et il est convaincant : il se place en posture de vigilance dans la direction où se dirige la femelle, le regard fixe, les oreilles dressées, les muscles prêts à bondir. Le signal est clair : « Ne va surtout pas là-bas, tu vas te faire manger ! Reviens ici, on a des cookies ! » La femelle, affolée, revient vite dans le groupe et le mâle en profitera dans un cas sur dix pour s'accoupler avec elle. Pour la rassurer, sans doute.

Les mâles Topi poussent des cris d'alerte pour faire revenir les femelles qui seraient tentées de goûter à la liberté.

Il faut noter que les mâles Topi ne se donnent pas tout ce mal lorsque les femelles ne sont pas en œstrus, c'est-à-dire lorsqu'elles ne sont physiologiquement pas prêtes pour donner des enfants. C'est bien une manipulation qui vise à augmenter la fréquence des accouplements, et donc le nombre de petits, chez une espèce où la compétition sexuelle est intense entre les mâles. Envoyer de faux signaux pour parvenir à ses fins (bref, mentir) n'est pas réservé aux antilopes et aux humains : les mésanges, les chimpanzés et les écureuils sont aussi connus pour crier de fausses alertes qui effraient leurs compétiteurs et leur permettent à terme de récupérer des ressources vitales, que ce soit de la nourriture ou… des partenaires sexuels.

III

Drôles de bêtes

Pour briller en société, il est de bon ton d'avoir toujours sur soi un exemple ou deux de phénomènes biologiques surprenants. Ici, trouvez tous les ingrédients pour vos futurs succès de one-man-show : de l'effroi, de la poésie, de l'humour et du suspense !

9

Les bousiers s'orientent avec la Voie lactée

Pour avancer tout droit et éviter de tourner en rond, il peut être utile d'avoir un point fixe qui serve de repère à l'orientation. Les objets célestes sont bien pratiques pour ça, car ils sont loin : même si l'on bouge beaucoup, notre position par rapport à eux ne change pas vraiment, et ils sont des repères stables sur lesquels les marins s'appuient depuis les débuts de la navigation maritime.

Naviguer en se servant du soleil ? Facile. Voyager en utilisant les étoiles ? Plus compliqué, seules quelques espèces sont connues pour en être capables : le phoque commun, la fauvette à tête noire, le gobemouche noir, et les humains bien sûr. Utiliser la Voie lactée comme repère céleste ? Pour l'instant, une seule espèce a vraiment montré qu'elle savait le faire : ce sont les scarabées bousiers.

Ces insectes se nourrissent de ce que contiennent les bouses d'éléphants. Ils découpent des morceaux de bouse, qu'ils façonnent en boule et qu'ils poussent ensuite sur des mètres et des mètres jusqu'à leur terrier. Certaines espèces de bousiers sont plus actives la nuit et elles ont développé des systèmes d'orientation qui leur permettent de ne pas tourner en rond pendant les nuits sans lune. En 2013, des chercheurs suédois et sud-africains ont monté une expérience rigolote sur le terrain, en savane : ils ont posé des petits caches sur la tête de certains scarabées de nuit. Ils ont ensuite comparé la trajectoire de ces scarabées aveugles à celle d'autres scarabées sans caches. Le résultat est sans équivoque : les bousiers sans casques marchaient bien droit vers leur destination, tandis que ceux avec la vue bouchée poussaient leur boule en rond, désorientés.

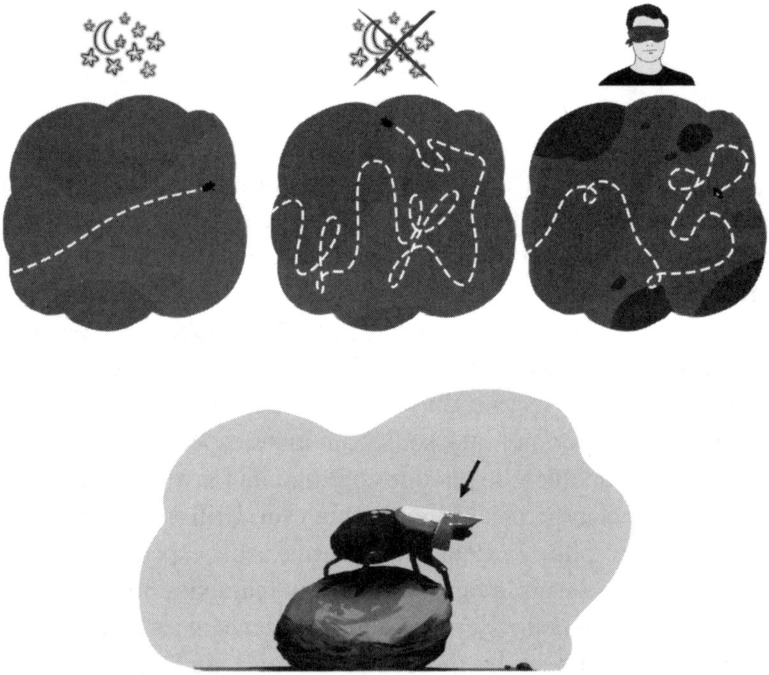

Avec les étoiles pour se guider, les bousiers ont une trajectoire droite.
Sans repères, ils sont aussi déboussolés que des humains
qui marchent les yeux bandés. Dans l'expérience, chaque bousier
avait un petit casque sur la tête pour l'empêcher de voir.

Les chercheurs ont ensuite confirmé leur expérience... dans un planétarium ! Ils ont pu simuler des ciels avec et sans étoiles, avec et sans la Voie lactée, bref s'amuser un peu en testant une variété de situations différentes pour déterminer sur quelle source lumineuse se basent les bousiers lorsqu'ils arpentent la savane lors des nuits sans lune. Les résultats en planétarium concordèrent avec les résultats sur le terrain : les bousiers arrivent à maintenir une trajectoire droite même lorsqu'il n'y a plus que la Voie lactée comme guide.

Notez que même les humains marchent en rond lorsqu'ils sont privés de points de repère ! Une expérience faite en 2009 demandait à des volontaires de marcher en ligne droite avec les yeux bandés. Résultat : certains des participants finissaient par produire de magnifiques cercles dont le diamètre était quand même très réduit (inférieur à 20 mètres !), d'autres erraient en suivant un chemin aléatoire, alors même que tous pensaient marcher droit. Les auteurs ont aussi montré que les participants tournaient en rond les nuits sans lune, même sans bandeau devant les yeux. Comme quoi, tous les humains ne valent pas les bousiers en orientation par les étoiles...

10

Les séismes des éléphants

« Les gens se sentent tellement seuls et abandonnés, qu'ils ont besoin de quelque chose de costaud, qui puisse vraiment tenir le coup. Les chiens, c'est dépassé, les hommes ont besoin des éléphants. »

Romain Gary, *Les Racines du ciel*, 1956

Les éléphants. Que l'on ait lu ou pas *Les Racines du ciel*, de Romain Gary, le mot évoque un animal gigantesque, presque mythologique, déplaçant sa lourde masse dans les hautes herbes de la savane. Sa morphologie très particulière le rend pataud, attachant et imposant : avec une trompe à la limite du comique, des pattes cylindriques et un corps cubique, il pourrait faire sourire, mais ce serait oublier son allure cadencée, impériale, ses défenses impressionnantes, et une posture générale qui inspire le respect. C'est d'ailleurs le silence qu'il intime généralement aux humains qui le fréquentent pour la première fois : on parle tout bas en présence du colosse gris et de ses 5 tonnes de muscles.

Un véritable tissu mythique entoure le pachyderme : il aurait une immense mémoire, serait très intelligent, pleurerait ses morts – qui seraient d'ailleurs rassemblés dans des cimetières –, aurait peur des souris, etc. Comme souvent, le vrai se mêle au faux dans ces mythes (non, les éléphants n'ont pas la phobie des rongeurs, et non ils ne rassemblent pas leurs morts dans des cimetières), et les faits les plus intéressants sont malheureusement complètement passés sous silence. Voyons quelques-uns de ces faits méconnus, qui auraient pourtant bien mérité leurs propres légendes urbaines.

Il faut commencer l'histoire avec le nom de Karen McComb. Cette chercheuse anglaise de l'université de Sussex travaille depuis 1993 dans le parc national d'Amboseli au Kenya, où elle étudie la cognition et la communication des éléphants. On lui doit notamment le travail sur la valeur adaptative de l'âge chez les matriarches éléphantes (*chapitre 7*), ainsi qu'une autre découverte : les éléphants sont capables de distinguer l'ethnie des humains qu'ils fréquentent dans la région où ils vivent. De précédentes études avaient montré que les éléphants réagissaient plus violemment, et négativement, à l'odeur et à la couleur des vêtements des membres de l'ethnie Maasaï qu'à ceux de l'ethnie Kamba. Dans une expérience conduite sur le terrain avec des haut-parleurs dissimulés, McComb fit jouer des enregistrements audio d'une phrase prononcée successivement par des Maasaï puis par des Kamba : « Regarde, regarde là-bas, un groupe d'éléphants arrive », en direction de groupes d'éléphants. Les mots ne sont bien sûr pas compris en tant que tels par les pachydermes, mais les chercheurs observèrent tout de même des réactions très différentes en fonction de l'ethnie du locuteur. Les Maasaï sont des éleveurs de bétail et ils sont régulièrement en conflit avec les éléphants, qu'ils chassent même parfois. Les Kamba sont agriculteurs et ne sont impliqués dans aucun conflit particulier avec les éléphants. Dans l'expérience, les éléphants réagissaient violemment lorsque la phrase était prononcée en Maasaï, preuve qu'ils arrivaient à distinguer les deux dialectes et à assimiler les Maasaï à un danger potentiel. Leurs réactions étaient celles de réponses classiques à la présence possible d'un prédateur : regroupement des individus en une masse hérissée de défenses, reniflement frénétique de l'environnement avec la trompe (dans la recherche d'informations sur le prédateur), ou tout simplement fuite dans la direction opposée des haut-parleurs.

De fait, les proboscidiens en général (les éléphants et leurs cousins) ont beaucoup souffert des actions de notre espèce. Rien qu'au XXe siècle, les effectifs des éléphants africains sont tombés de 5 millions à moins de 500 000 individus, conséquence de la chasse et de la destruction de leur habitat. Pendant la décennie 1980, WWF estime que 100 000 éléphants africains mouraient chaque année, pour diverses raisons (ivoire, viande). Mais ce conflit ne se confine pas à l'époque moderne : nos lointains ancêtres aussi chassèrent à outrance les proboscidiens. Des travaux archéologiques récents ont pu relier des traces des premiers habitants humains d'Amérique du Nord à des restes de Gomphothères, un pachyderme dont la distribution s'étendait de l'Amérique du Nord à l'Amérique du Sud et dont on peut trouver un crâne au Muséum national d'histoire naturelle de Paris. Les Amérindiens en question, la culture « Clovis », étaient déjà des chasseurs d'éléphants il y a 15 000 ans de cela. On retrouve en fait cette tendance à l'échelle mondiale et sur une échelle de temps plus longue encore : depuis 780 000 ans, les éléphants, dont l'aire de distribution s'étendait sur la plus grande partie de l'Europe, de l'Afrique, de l'Asie et des Amériques, ont chaque fois disparu aussitôt que des membres du genre *Homo* se sont installés dans ces régions : les humains (*Homo sapiens*) participèrent bien sûr, mais également *Homo erectus* ainsi que Néandertal (*Homo neanderthalensis*). Les éléphants ne survécurent que dans les refuges où les populations d'humains n'étaient pas suffisamment importantes pour les pousser à l'extinction par la chasse. Ils ont donc toutes les bonnes raisons du monde d'assimiler les humains à un danger potentiel.

Revenons à nos éléphants du parc d'Amboseli : McComb voulut savoir si les éléphants étaient capables de distinguer les hommes des femmes. En théorie, les éléphants devraient avoir une réaction en présence des hommes, qui chassent, et ne pas en avoir en présence des femmes, qui ne les attaquent jamais. Et c'est bien ce qu'elle observa. La question restait de savoir comment les éléphants pouvaient discriminer les humains mâles des humains femelles. Les chercheurs testèrent l'hypothèse selon laquelle les éléphants utilisent la hauteur du son, les femmes ayant une voix plus aiguë que les hommes. Ils modifièrent les échantillons sonores pour que les voix d'hommes et de femmes soient à la même hauteur, et refirent l'expérience. Les résultats surprirent les scientifiques : malgré la retouche des hauteurs de voix, les éléphants étaient encore capables de discriminer les voix d'hommes des voix de femmes et de réagir négativement aux premiers. Il semblerait donc que les éléphants soient capables d'utiliser des informations acoustiques plus fines que celles que nous utilisons, et puissent distinguer les hommes des femmes quand nous-mêmes n'en sommes pas capables.

C'est d'ailleurs un autre point méconnu de la vie des éléphants qu'a contribué à faire découvrir McComb pendant sa carrière dans le parc kenyan : les éléphants vivent dans un paysage sonore très riche et très complexe. Ils n'ont pas une vision particulièrement efficace, mais ils ont un odorat fin et une ouïe très précise. Les chercheurs de l'équipe de McComb ont par exemple estimé que les éléphants de l'Amboseli étaient capables de reconnaître individuellement les appels vocaux de 14 groupes familiaux en moyenne, ce qui représente une centaine d'individus. Ils démontrèrent également que les éléphants réagissaient aux appels vocaux d'anciens membres de leur famille décédés depuis, avec une anecdote assez touchante : « Même l'extrait sonore d'une femelle morte depuis vingt-trois mois a produit une réponse de regroupement de la part des membres de son unité familiale, [...] qui s'approchèrent du haut-parleur

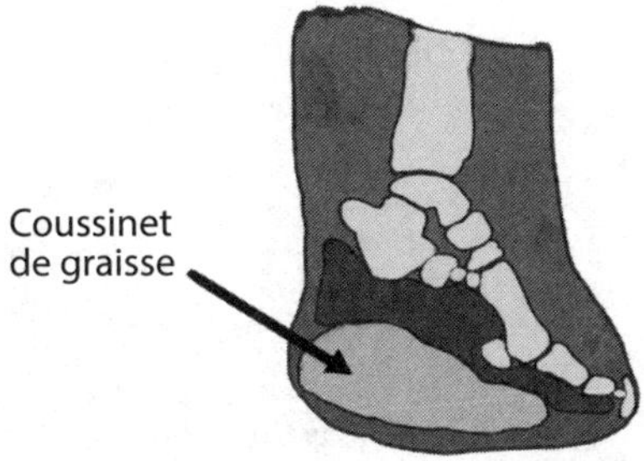

Les coussinets de graisse dans les pieds des éléphants semblent faciliter la réception des messages sismiques.

et émirent des appels vocaux répétés en direction de celui-ci. » De fait, ces dernières années ont été fructueuses dans la compréhension de l'univers acoustique des éléphants. Le projet Elephant Voices a, par exemple, constitué une base de données des différents sons produits par ces animaux : on y trouve une dizaine de vocalisations, avec des grondements, des reniflements, des aboiements, des trompettes, des rugissements, des hurlements, des cris, etc. Le panel sonore des éléphants s'étend sur plus de quatre octaves audibles à l'oreille humaine. La précision est importante, car les éléphants communiquent également avec des sons inaudibles à notre oreille : les infrasons.

Lorsqu'un éléphant émet un grondement grave, entre 10 et 40 hertz, une partie est transmise dans l'air tandis qu'une autre est transmise dans le sol, formant un signal sismique. Les éléphants ont la capacité de recevoir et d'envoyer ces ondes sismiques pour échanger entre eux. Le sol est un bon milieu pour communiquer car il est relativement peu utilisé par les autres êtres vivants (par rapport à l'air) et il transmet assez peu de bruits parasites. D'autre part, les vibrations peuvent se propager très loin dans la terre car

Les éléphants transmettent des messages sismiques
à l'intention d'autres groupes situés à longue distance.

elle est plus dense que l'air : par exemple, la percussion provoquée par le saut d'un homme de 75 kilos a été enregistrée à 1 kilomètre et les pas d'un éléphant de 3 tonnes peuvent parcourir plus de 36 kilomètres ! Les éléphants émettent et reçoivent ces grondements via le sol par l'entremise de leurs pattes avant. Ils possèdent sur la plante de leurs pieds des boules de graisse qui servent à faciliter la détection des signaux sismiques et à améliorer la qualité de ces signaux : chaque boule serait une sorte de lentille à vibrations sismiques, un dispositif permettant d'améliorer la sensibilité des éléphants pour capter le plus de signaux possible.

La vibration reçue se transmet ensuite aux os des jambes, des épaules, pour aboutir à l'oreille moyenne. Les éléphants écoutent donc le sol comme nous écoutons l'air. Ils peuvent reconnaître les grondements d'alerte de leurs proches, identifier l'origine de l'onde sismique et se mettre rapidement en position de défense : il y a ainsi un véritable réseau de séismes qui parcourt la savane !

Les éléphants sont une énigme, qui se déplie petit à petit, depuis une dizaine d'années, sous l'examen attentif de certains chercheurs. Nous n'avons qu'effleuré la complexité de leur réseau social, la diversité de leurs modes d'expression et la richesse de leur cognition et on peut parier que le futur apportera encore des découvertes surprenantes sur ces mythiques pachydermes. Romain Gary avait vu juste dans son plaidoyer, à travers le personnage de Morel : « La défense d'une marge humaine assez grande et généreuse pour contenir même les géants pachydermes [peut] être la seule cause digne d'une civilisation. »

11

Le ratel, une arme de destruction massive

Avertissement : cet article n'est pas objectif. Je suis amoureux du Ratel (*photo 18*). Car c'est l'animal le plus incroyable, le plus violent, le plus *badass* de la biosphère. Il ne mâche pas, il déchiquette. Il ne crie pas, il éructe un son puissant qui fait péter les tympans et les sacs testiculaires de ses adversaires. On dit qu'Il peut guérir les nécessiteux : il suffit de poser son regard sur un Ratel pour retrouver vigueur et virilité.

C'est un mustélidé vengeur, et les autres prédateurs savent rester à leur place en Sa présence car ils sont conscients que le ratel ne pardonne qu'une fois. Pour le bien commun, et dans un souci éducatif, tout le monde devrait en avoir un pour animal de compagnie. Même si avec un Ratel, c'est l'homme qui serait l'animal de compagnie. Comme une machine furieuse dont les tuyaux sous pression gicleraient de la testostérone en fusion, cette bestiole distribue les baffes et fait régner la terreur à grands coups de pompe (taille 48) dans les muqueuses de ses ennemis. Mesdames et Messieurs, couchez les enfants et accueillez… le Ratel !

Le ratel (*Mellivora capensis* en latin, *honey badger* en anglais,

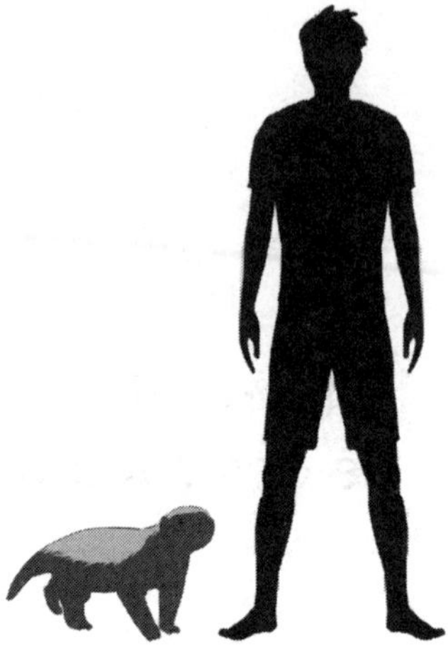

Le ratel fait en moyenne 70 cm de long.
70 cm de violence pure, de haine et de testostérone.

littéralement « blaireau à miel ») est un petit mustélidé – la famille des blaireaux et des loutres – qui vit entre l'Afrique et l'Inde, et qui ne paye pas de mine. Les plus gros mâles font au mieux 1 mètre de long (en comptant la queue) pour un poids maximum de 15 kilos, ce qui est à peine mieux qu'un caniche et carrément limite pour inspirer la frayeur aux autres animaux, pour piller, empaler et génocider à tout va, comme ce que l'on peut en attendre d'un vrai *Némésis* de la savane. Et pourtant…

Et pourtant, si Gengis Khan avait eu un animal de compagnie génétiquement modifié par un génie du mal pour être un hybride sadique entre un requin blanc, un grizzli et un calamar géant, alors cet animal de compagnie mutant aurait eu un ratel comme professeur de Krav Maga. Et pour cause : depuis 2002, le ratel gagne systématiquement le titre d'« Animal le plus téméraire » du

Livre Guinness des records. Cet animal, composé à 295 % de testostérone et les 35 % restants d'uranium enrichi, a été observé en train de voler leur proie à des léopards, de se battre avec les serpents les plus venimeux d'Afrique et quelqu'un m'a même raconté qu'il en avait vu un attaquer un éléphant par la trompe. Un éléphant. De 5 tonnes. Pas de problème.

Une anecdote décrit une des techniques d'attaque du ratel comme ceci : « Le ratel est réputé pour viser le scrotum lorsqu'il attaque les grands animaux. La première observation de ce comportement a été faite par Stevenson-Hamilton (1947), où un ratel aurait castré un buffle adulte. » Prenons une pause pour noter qu'un buffle mâle, c'est 900 kilos de muscles agressifs avec des cornes vicieuses à l'un des deux bouts. La description reprend ainsi : « Des castrations par ratels ont été enregistrées chez d'autres animaux, incluant les gnous, les cobes à croissant, les koudous, les zèbres et l'homme. » Parfaitement, il vise les testicules et attend que la pauvre bête saigne jusqu'à la mort. Parmi les adaptations qui lui permettent une telle badassitude, on peut dénombrer : 1. Une peau épaisse et souple ; 2. Une résistance exceptionnelle au venin de serpent ; 3. Une intelligence vicieuse développée ; 4. Des oiseaux comme alliés ; 5. Une poche anale réversible ; 6. Une agressivité hallucinante.

En effet, le ratel possède une peau très épaisse : plus d'un demi-centimètre près du cou ! Il est d'ailleurs dit qu'il est insensible aux flèches et aux coups de lance. D'autre part, sa peau très lâche lui permet de se débattre et de se retourner facilement lorsqu'un autre animal tente de l'immobiliser, pour diriger sa juste colère contre son agresseur imprudent. Imaginez : vous êtes un léopard, et vous attrapez d'un coup de mâchoire un ratel qui tente de vous voler votre dîner. Grave erreur ! Il se retourne avec aisance – comme s'il pouvait bouger à l'intérieur de sa propre peau – et vous lacère le visage avec le regard dément d'un dieu aztèque réclamant son lot de vierges sacrifiées.

La légende de cette image a spontanément pris feu
face à la badassitude du ratel. Désolé.

Second point : la résistance au venin. Les ratels ont été vus en train de chasser puis de manger des cobras, des mambas noirs et des vipères heurtantes. Ces reptiles ne sont pas réputés pour être particulièrement sympathiques : la dernière espèce est en fait la plus meurtrière des serpents africains, et possède un poison qui compte parmi les plus venimeux des vipères. Pourtant, un ratel mâle a déjà été filmé en train de se battre avec ce serpent, de se faire mordre (et donc, de se faire injecter le mortel venin), de tuer d'un coup de dent le serpent et de succomber au venin... pour se relever une poignée d'heures plus tard, frais et dispo, prêt à finir son repas durement gagné. Pour l'instant le mécanisme qui permet cette immunité au poison est encore inconnu !

En plus, ils sont malins : un ratel a été filmé dans le parc national du Ranthambore (Rajasthan, en Inde), en train d'utiliser un outil pour capturer sa proie. Le mâle a déplacé un rondin de bois pour atteindre un jeune martin-pêcheur coincé en hauteur, ce qui est le signe d'une intelligence (fourbe) développée.

D'autre part, il semble exister une relation de mutualisme (donnant-donnant) entre le ratel et plusieurs espèces d'oiseaux : il a souvent été écrit que les ratels suivaient des Grands indicateurs (*Indicator indicator*), lesquels les guideraient vers les ruches d'abeilles sauvages, où se trouvent les larves dont raffolent les ratels. Aujourd'hui, on ne sait plus trop qui suit qui : il semblerait que certains oiseaux guettent l'activité des ratels pour ramasser des miettes de son activité vengeresse. Des Autours chanteurs (*Melierax canorus*) ont ainsi été vus en train de se nourrir des petits reptiles fuyant le microséisme causé par un ratel creusant un terrier.

En plus d'avoir de longues griffes, des dents affutées et un profil de tank taillé pour les chocs frontaux, le ratel possède une poche anale réversible qui, dit-on, dégage une odeur insoutenable lorsqu'elle est utilisée. Certains auteurs n'hésitent pas à penser que cette glande odorante (le mot est faible, glande « corrosive » semble plus approprié) pourrait servir à neutraliser les abeilles lorsque ce mustélidé taquin fonce dans leur ruche pour en mastiquer la descendance.

Pour finir, il faut savoir que le ratel est le seul mammifère à savoir courir en arrière, que son nom a inspiré l'armée sud-africaine pour nommer ses véhicules de combat d'infanterie et qu'en Inde des ratels ont été vus en train de creuser des tombes pour se nourrir des cadavres fraîchement enterrés. En Irak, une rumeur a même couru qu'il existait des ratels mangeurs d'hommes. Sachant que cette espèce est capable de foncer tête baissée dans des groupes de six lions mâles juste pour rigoler et qu'en plus elle vise les testicules, on peut comprendre la panique nationale déclenchée par une telle vague de rumeurs.

12

Le Roi Lion, des révélations chocs

Le Roi Lion est un dessin animé américain sorti en 1994. Il a ému aux larmes une génération de jeunes enfants à la mort du papa de Simba et a associé dans l'imaginaire collectif deux espèces qui s'ignorent (les suricates et les phacochères). Il a aussi bien fait comprendre à tout le monde que les hyènes, c'est méchant. Pourtant une analyse scientifique de ce dessin animé révèle qu'on ne sait pas tout de lui… rangez votre enfance dans une armoire blindée, parce que ça balance fort.

Révélation n° 1 : Rafiki s'est perdu

Dans *Le Roi Lion*, la famille royale des lions semble faire appel aux bons services d'un primate à l'air rigolard : Rafiki. C'est lui qui baptise le nouveau-né Simba, c'est aussi lui qui, au milieu du film, démontre à Simba que son père – bien que mort physiquement – existe toujours dans son cœur. Il habite dans un grand baobab et on fait référence à lui comme étant un babouin. Cependant, vu les couleurs qu'il arbore sur le visage, Rafiki est clairement un mandrill (*Mandrillus sphinx*), et cette espèce est en fait plutôt présente dans les forêts d'Afrique équatoriale. *Le Roi Lion* se passe dans les savanes herbeuses du Kenya, et donc Rafiki s'est perdu.

Révélation n° 2: Les lions noirs sont plus agressifs

Scar est le frère « sombre » de Mufasa. Plus chétif, mais plus fourbe, il se ligue avec les hyènes pour bouter le roi en titre hors de son trône. Scar est l'agressivité perfide, tandis que Mufasa est la force tranquille, pleine de sagesse. Des résultats récents ont confirmé l'existence de relations entre le comportement d'un individu et sa couleur de pelage : chez certaines espèces, les individus plus sombres sont aussi plus agressifs. Chez les lions c'est le cas, et la couleur de la crinière peut être un bon indicateur du niveau de testostérone et d'agressivité. Cependant, rien n'indique que les mâles à crinière sombre soient aussi plus vicieux : des études complémentaires sont à effectuer pour éclaircir ce point !

Révélation n° 3: Les hyènes ne rigolent pas tout le temps

Dans *Le Roi Lion*, les hyènes sont constamment mortes de rire. L'une des trois hyènes principales est même littéralement explosée de rire 24 h/24 ! Il existe une idée reçue selon laquelle les hyènes passent leur temps à se fendre la poire : ne possèdent-elles pas un rire caractéristique ? En fait, la hyène tachetée est une espèce très sociale qui possède un langage complexe, composé de nombreux cris différents. On dénombre une douzaine de cris, utilisés dans des contextes variés : l'imminence d'une attaque, la réunion avec d'autres hyènes, en signe de soumission, etc. Le « gloussement » n'est qu'une vocalisation parmi d'autres. C'est une réponse à une agression par un autre individu et elle est utilisée pour dire quelque chose comme « Laisse-moi tranquille ! ». Bref, il n'y a vraiment pas de quoi rire.

Révélation n° 4 : les lions sont charognards et les hyènes chassent

Dans *Le Roi Lion*, Scar réussit son coup d'État et instaure un régime de terreur où les lionnes sont forcées de chasser pour nourrir de grosses hyènes tachetées paresseuses. Scar doit même se justifier devant les hyènes affamées : « Ce sont les lionnes qui ont pour mission d'aller à la chasse », se défend-il. Il s'avère que la réalité est tout autre : les hyènes tachetées sont d'excellentes chasseuses et la majorité de la viande qu'elles consomment est chassée par leurs soins. D'un autre côté, les nobles lions peuvent s'adonner au plaisir d'être charognards. En effet, les lions peuvent pousser d'autres prédateurs de leur trophée pour le manger à leur place. Ironiquement, il se trouve qu'en pratique les lions sont plus souvent charognards que les hyènes tachetées !

Révélation n° 5 : Les cimetières d'éléphants n'existent pas

Le petit Simba franchit la limite du domaine de son père et décide de découvrir la mystérieuse zone d'ombre qui n'est (étrangement) pas éclairée par le soleil matinal. Cette zone s'avère être un cimetière d'éléphants, sorte de terrain vague-décharge où des hyènes junkies imposent leur loi (et menacent les gentils héros de les croquer un peu). Sauf que oui, mais non, les éléphants ne font pas de cimetières.

Ce mythe serait le produit de deux constatations : d'abord, comme les humains, les éléphants semblent prêter une attention importante à leurs morts, s'attardant souvent autour des cadavres de leurs congénères. De nombreuses anecdotes relatent le comportement d'éléphants restant pendant plusieurs jours proches d'autres éléphants morts, allant même jusqu'à couvrir les corps de branches, de feuilles et de terre. Et puis l'on retrouve parfois des ossements de plusieurs éléphants au même endroit, comme s'ils allaient volontairement tous mourir sur le même lieu.

La réalité est plus simple : les vieux éléphants tendent à mourir proches des points d'eau car ils essaient d'utiliser l'eau pour soulager leur condition physique ou de manger les plantes d'eau plus tendres pour leurs bouches sans dents. Dans un cas comme dans l'autre, les vieux éléphants peuvent s'embourber dans la vase du point d'eau, rester coincés ou tout simplement perdre conscience à cause de leur faiblesse physique, pour finir par mourir. Les ossements fréquemment retrouvés près des points d'eau ne sont donc pas l'œuvre de fossoyeurs consciencieux !

Révélation n° 6: Les animaux du Roi Lion *sont superstitieux*

Une conséquence importante du régime despotique de Scar est que l'environnement se dérègle : la savane, au départ luxuriante, se transforme en désert sablonneux. Le ciel est gris, c'est la sécheresse, les herbivores meurent de faim, et comme le résume une hyène : « Y a plus rien à bouffer ! »

Peut-être que les protagonistes de ce dessin animé ont une très mauvaise mémoire mais il convient de rappeler que le dessèchement drastique de la savane est un phénomène qui se passe chaque année : c'est la saison sèche. Dans certains pays de la pointe sud de l'Afrique, il arrive régulièrement qu'aucune goutte d'eau ne tombe pendant plus de six à huit mois : les plantes se dessèchent et laissent apparaître le sol à nu (du sable dans de nombreuses savanes d'Afrique australe), puis peuvent prendre feu spontanément, remplissant l'air de fumée et donnant au ciel un aspect gris violacé caractéristique. Certains herbivores peuvent également mourir lorsque les sécheresses sont particulièrement difficiles. Bref les phénomènes qui sont imputés à la politique de Scar appartiennent en fait à un cycle climatique régulier, et il semble qu'il faille être un peu superstitieux pour y voir l'œuvre des « méchants ».

Révélation n° 7: de l'inceste dans la famille royale

Lorsqu'il est petit, Simba a une meilleure amie : Nala. Après la mort de son père, Simba est expulsé du royaume et grandit à l'écart. Les années passent, mais, coïncidence, il tombe nez à nez avec elle alors qu'elle fuit le domaine royal en ruine. Les deux lionceaux ont bien grandi et le miracle des hormones se produit : ça galope, ça se triture la crinière, ça se renifle les glandes, bref la nature turgescente qui palpite. À eux deux, le couple Nala-Simba réussira à défaire l'infâme pouvoir de l'oncle perfide noir pour remettre en place le *bon* cycle de la nature et instaurer une dynastie de petits rejetons blondinets. Oui, mais, et si ces rejetons étaient des petits consanguins ?

Révélation choc : Nala et Simba sont nécessairement apparentés. Au mieux, ils sont cousins. Au pire… ils sont demi-frère et sœur.

Eh oui, il suffit de voir comment fonctionne un groupe de lions : il y a entre un et deux mâles (dans le cas d'une coalition) qui se monopolise(nt) la reproduction avec de nombreuses femelles. Les autres mâles sont soit trop jeunes pour se reproduire, soit expulsés en dehors du territoire. Dans les cas de coalition, ce sont des frères qui vont se mettre ensemble pour bouter un autre mâle en dehors de son territoire, et se partager ensuite la reproduction. C'est l'hypothèse la plus raisonnable pour expliquer la présence de Scar dans le groupe : il participe à la coalition avec Mufasa. Cependant Scar n'a pas l'air particulièrement épanoui sexuellement car Mufasa semble monopoliser les femelles (d'où litige, ça peut se comprendre). On a donc de bonnes raisons de supposer que tous les enfants sont de Mufasa, Nala et Simba y compris. Bref, Nala et Simba sont très probablement demi-frère et demi-sœur et leur lignée risque de finir par avoir des taux de consanguinité records, et de donner en bout de ligne des petits lions capables d'ouvrir des boîtes de conserve avec le menton, mais incapables de maintenir les yeux parallèles plus de quelques secondes.

Il existe une population de lions en Tanzanie qui illustre bien les effets de la consanguinité : la population de l'aire protégée du Ngorongoro. Le Ngorongoro est le plus grand cratère éteint au monde et il abrite une population isolée de lions, très consanguine, reconstituée récemment à partir d'une poignée d'individus : c'est ce qu'on appelle un goulot d'étranglement génétique. Les conséquences de cette consanguinité s'observent bien chez les mâles, dont près de la moitié des spermatozoïdes sont malformés. Voilà ce que réserve l'avenir à la descendance de Simba et Nala…

IV

LES HOMMES ET LES SAVANES

L'homme est systématiquement mis en face-à-face avec les autres espèces de la biosphère, tantôt comme un diabolique agent de destruction, tantôt comme une exception prométhéenne quasi divine. Ici, intéressons-nous à la relation qu'entretient ce bipède imberbe avec les autres espèces de la savane, et voyons ensemble que ce clivage supposé… est surtout un fantasme.

13

La fabrique des lions infanticides

L'homme influence fortement la biosphère, c'est un fait. On parle parfois d'Anthropocène pour désigner l'ère géologique actuelle tant il semble que les processus biologiques et géologiques soient dominés par l'homme (*anthropos*, en grec). Il est vrai que la dispersion des *Homo sapiens* sur toutes les terres émergées de la planète a souvent rimé avec la disparition de nombreuses espèces locales et le taux d'extinction d'espèces au niveau global n'a rien à envier à celui d'autres crises biologiques majeures. Au-delà de ce tableau un peu sombre, les activités humaines ont également de nombreux autres impacts sur la biodiversité, qui ne sont pas tous négatifs. Voyons ici comment l'homme influence le comportement des animaux, de façon très inattendue parfois !

Commençons par un exemple simple en savane : celui des grandes migrations. Dans de nombreux écosystèmes de savanes, les saisons sont fortement marquées, avec une alternance de saison des pluies, très humide, et une saison sèche… très sèche. Au cours de cette dernière, il arrive fréquemment qu'aucune goutte de pluie ne tombe pendant plusieurs mois, d'où l'assèchement des lits de rivières et des points d'eau naturels. La réponse des animaux est donc évidente :

migrer pendant la saison sèche, pour aller trouver de l'eau ailleurs. C'est ainsi que dans le parc de Hwange où je travaillais, les éléphants allaient historiquement chercher de l'eau jusque dans le delta de l'Okavango au Botswana ou jusqu'au Zambèze, à la frontière zambienne. Dans les deux cas, plusieurs centaines de kilomètres les séparaient de leur prochaine gorgée d'eau fraîche.

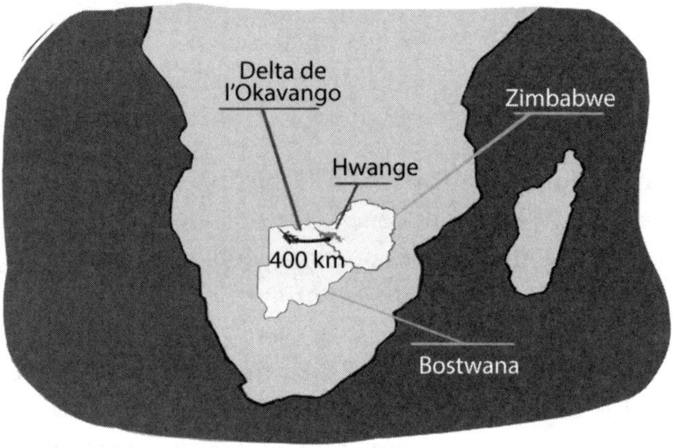

400 km séparent le parc de Hwange, au Zimbabwe,
du delta de l'Okavango au Botswana.

Au début du xxe siècle, les premiers parcs nationaux africains font leur apparition. Dans leur enceinte, les animaux sont protégés légalement du braconnage et leurs populations peuvent s'épanouir. Une autre mesure apparaîtra bien vite à Hwange : pomper les nappes phréatiques pour entretenir les points d'eau même au plus fort de la saison sèche. Une conséquence majeure est qu'aujourd'hui, la faune n'a plus besoin de migrer sur des centaines de kilomètres

jusqu'en Asie. Ils construisirent des radeaux et colonisèrent des îles jusqu'alors inaccessibles comme la Crète en Méditerranée ou l'île de Florès en Indonésie. Qu'elles soient restées dans le berceau africain ou qu'elles aient émigré en Asie, les populations d'*Erectus* dépendaient toujours fortement d'espèces que l'on associe souvent aux savanes, en particulier les éléphants. De la pointe de l'Afrique du Sud à l'Espagne, de très nombreux sites archéologiques associés à *Homo erectus* révèlent des restes d'éléphants, dont ils se nourrissaient et dont les os leur servaient à créer des outils.

Nos ancêtres sont des *Homo erectus* qui n'ont pas voyagé, et sont restés en Afrique. Au fil du temps, une nouvelle espèce apparaît : *Homo sapiens*. Les plus vieux fossiles découverts ont été trouvés dans la vallée de l'Omo, en Éthiopie, et ils datent de 195 000 ans. Cependant, de récents résultats scientifiques repoussent la date d'origine de notre espèce nettement plus loin dans le temps, il y a 340 000 ans, doublant presque l'âge de notre espèce. Cette découverte récente, en 2013, s'est faite d'une étrange manière : Alan Parry, un homme afro-américain de Caroline du Sud avait envoyé un échantillon de son ADN à une compagnie spécialisée dans la création de généalogies sur la base de données génétiques. En étudiant l'échantillon, M. Hammer de l'université d'Arizona eut une surprise : le chromosome Y, le chromosome sexuel que seuls les hommes portent, était complètement différent du reste des chromosomes Y dont il avait l'habitude. Après avoir calculé le temps nécessaire à l'évolution pour produire la différence observée entre nos chromosomes et ce chromosome particulier, le chercheur réalisa que Alan Parry était le descendant d'une lignée d'humains dont les ancêtres avaient divergé des autres humains il y a 340 000 ans. En d'autres termes, l'humanité est plus vieille que ce qu'en disait jusqu'à maintenant le registre fossile. Une étude plus approfondie des origines de cet homme montra que ses ancêtres proches provenaient probablement du Cameroun, et plus particulièrement de la

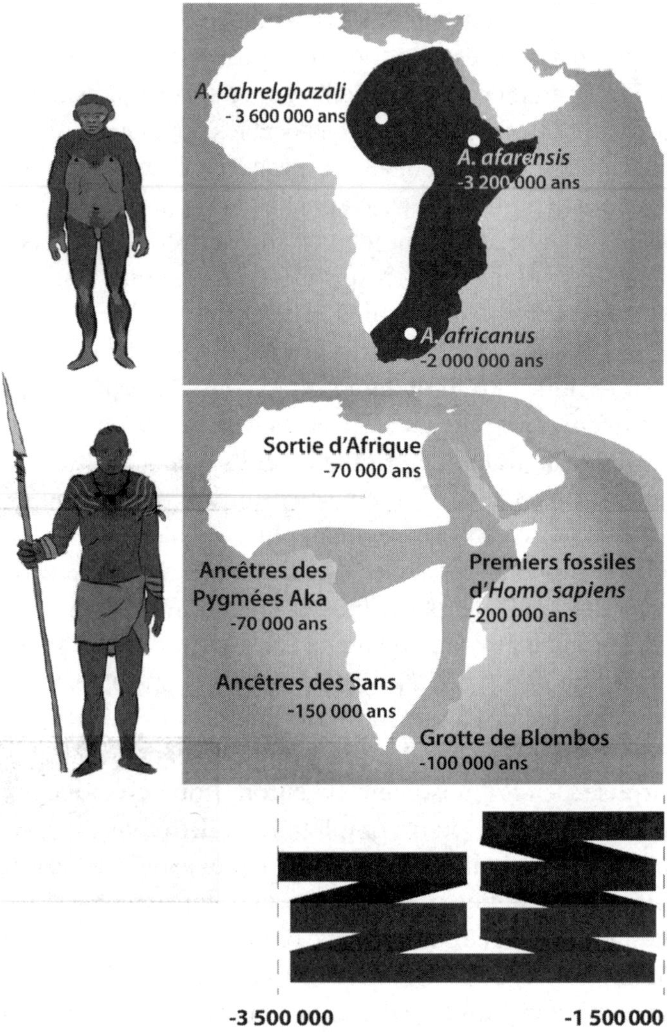
A. bahrelghazali
- 3 600 000 ans
A. afarensis
-3 200 000 ans
A. africanus
-2 000 000 ans
Sortie d'Afrique
-70 000 ans
Ancêtres des
Pygmées Aka
-70 000 ans
Premiers fossiles
d'Homo sapiens
-200 000 ans
Ancêtres des Sans
-150 000 ans
Grotte de Blombos
-100 000 ans
-3 500 000
-1 500 000

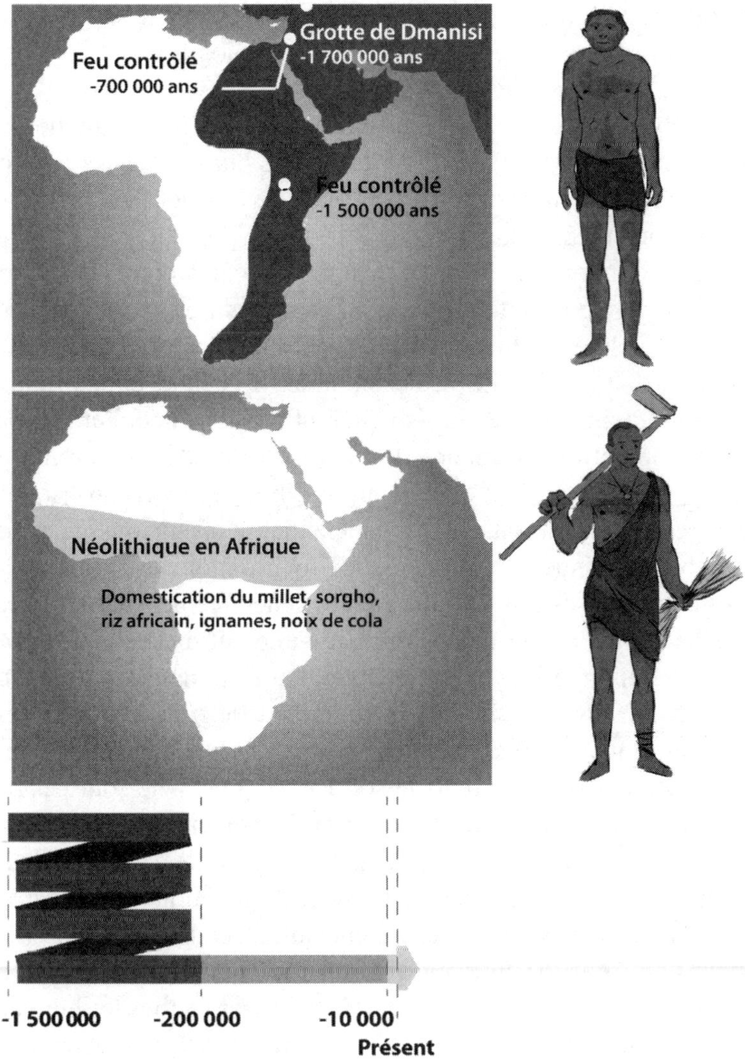

Depuis 3,5 millions d'années, notre histoire est intimement liée aux savanes. En voici quelques étapes clés.

région ouest du Cameroun, également proche d'un lieu où d'autres faits intéressants concernant notre passé biologique ont été mis à jour grâce, encore une fois, à la génétique.

Les Pygmées Aka sont l'une des plus vieilles branches de l'humanité. Ils auraient divergé des autres humains il y a environ 70 000 ans en Afrique centrale, à la place de l'actuel Cameroun. Au même moment, dans la corne de l'Afrique, la population d'humains qui allait donner tous les humains non africains entreprenait son grand voyage en quittant le continent africain et posait les pieds sur la péninsule Arabique. Les Pygmées, eux, se sont spécialisés à vivre dans les forêts tropicales humides d'Afrique équatoriale et l'on a longtemps pensé qu'ils restèrent isolés génétiquement des autres populations. Cependant, de récentes études montrent que ces Pygmées possèdent encore aujourd'hui des morceaux de leur génome qui proviennent d'autres populations humaines très anciennes et encore inconnues. Au moment de l'hybridation, lesdites populations mystérieuses étaient si différentes génétiquement des Pygmées qu'elles constituaient peut-être même une autre espèce d'*Homo*. Ils se seraient hybridés avec cette population archaïque – dont il ne reste aucune trace fossile – il y a environ 40 000 ans, cette dernière population mystérieuse laissant une marque dans leur génome à défaut d'en laisser une dans le sol. Les Pygmées ne sont pas des cas particuliers : au moins deux autres événements d'hybridations impliquant des populations humaines et une autre espèce d'*Homo* ont été révélés par des études extensives de génétique participative, et par l'étude des ADN anciens. Celle qui fait couler le plus d'encre est sans nul doute l'hybridation entre *Sapiens* et Néandertaliens : on sait aujourd'hui qu'en moyenne 3 % des gènes de tous les humains non africains (humains dont les ancêtres sortirent d'Afrique il y a 70 000 ans) sont en fait des gènes issus de Néandertaliens. Ces épisodes d'hybridations ne sont pas si anodins car de nombreux gènes donnés par ces cousins disparus sont aujourd'hui sous forte sélection : c'est-à-dire que ce sont des gènes utiles, dont nous dépendons pour notre survie. Certains sont des gènes immunitaires, d'autres sont liés à la résistance aux ultraviolets et d'autres enfin sont liés à la kératine, cette protéine constitutive des cheveux et de l'épiderme. Enfin, de nombreuses populations d'Asie du Sud-Est et d'Océanie possèdent dans leur génome jusqu'à 6 % de gènes qui viennent d'un autre membre du genre *Homo*, les hommes de Denisova. Peu de choses sont encore connues de ces cousins disparus, mais une chose est à retenir cependant : notre passé est hybride.

Retournons dans les savanes, où certaines populations humaines vivent depuis bien avant la sortie des premiers hommes d'Afrique : les Sans ont divergé des autres populations humaines depuis au moins 150 000 ans, et l'on a longtemps pensé qu'ils représentaient les plus vieilles populations humaines du globe avant la découverte du chromosome Y d'Alan Parry. Ces Sans sont des chasseurs-cueilleurs qui vivent aujourd'hui dans les zones arides de l'Afrique australe, et principalement du Botswana. On les retrouve dans le film *Les dieux sont tombés sur la tête*, qui date de 1980, où l'un des membres du groupe découvre pour la première fois une bouteille de Coca-Cola jetée par un pilote d'avion, et part en mission pour faire disparaître cet objet au-delà du bord du monde. Ces populations humaines ont une connaissance intime des écosystèmes arides et des savoirs naturalistes très poussés. Par exemple, lorsqu'ils partent durant de longs voyages de chasse, ils consomment une plante nommée *Hoodia gordonii*, qui est un coupe-faim naturel. Ils trempent également leurs flèches avec une toxine – la diamphotoxine – produite par la larve d'un scarabée, qui paralyse petit à petit les muscles des animaux qu'ils chassent, principalement des antilopes comme des Élans du Cap ou des Hippotragues. Des scènes exposant les relations intimes entre les Sans et la faune africaine sont dépeintes depuis 20 000 ans sur des rochers dans toute l'Afrique australe. Certaines peintures montrent même des

Les humains ont toujours chassé la faune africaine, comme en attestent ces peintures rupestres faites par des chasseurs-cueilleurs khoisan, en Afrique du Sud (Drakensberg).

métamorphoses mi-humaines mi-animales, représentant probablement des rituels chamaniques. De telles scènes furent également dépeintes à l'autre bout du continent, au milieu du Sahara actuel où s'étendait il y a 7 500 ans une vaste plaine herbeuse où paissaient de nombreux herbivores : buffles, antilopes et girafes prospéraient dans le Sahara paléolithique, et furent dessinés avec de l'ocre et gravés sur des roches.

Cette relation intime entre savane et humains a perduré jusque dans les temps historiques, où les humains ont très fortement modifié ces écosystèmes. Par exemple, les savanes d'Afrique de l'Ouest semblent être des paysages naturels mais sont en fait très fortement modifiées par l'homme, et ce, en particulier dans une bande qui s'étend de l'Afrique de l'Ouest à l'Afrique de l'Est, à l'endroit où les premières formes d'agriculture africaine ont vu le jour. On cultive le sorgho, le millet, et en Éthiopie se domestiquent des plantes qui restent encore aujourd'hui peu connues du grand public, comme le teff, l'éleusine et la korarima, qui sont consommés quotidiennement par les Éthiopiens. En Afrique de l'Ouest et au Sahel, les humains modifiaient déjà les paysages il y a 4 000 ans. Les populations de ces régions ont en effet pratiqué les feux et la coupe de bois pour éliminer les espèces indésirables et étendre leurs cultures, ont favorisé certains arbres particuliers (karité, néré) et ont chassé les herbivores (antilopes, girafes) comme les carnivores (lions, hyènes) de ces régions.

Notre connexion avec ces savanes n'appartient pas qu'au passé. Au moins un tiers des continents du monde sont des savanes ou des prairies arides susceptibles de se transformer en déserts (*voir chapitre 14*), et entre 1 et 2 milliards de personnes en dépendent directement. L'homme est souvent perçu comme une source de problèmes pour les écosystèmes naturels et il est vrai que cette désertification peut trouver ses racines dans les activités des humains. Au banc des accusés, on retrouve le réchauffement climatique, en partie causé par une augmentation de la concentration atmosphérique en dioxyde de carbone et la surexploitation des terres agricoles à l'image de l'épisode du Dust Bowl des années 1930 aux États-Unis. De même, l'arrivée des premiers humains dans la brousse australienne, il y a environ 55 000 ans, coïncide avec la disparition de nombreux marsupiaux – parfois géants, comme le Diprotodon – qui y vivaient en isolement total depuis 50 millions d'années.

Entre le XIXe et le XXe siècle, les écologistes ont souvent réagi à cet état de fait en proposant de protéger des poches de nature par l'exclusion des humains et de leurs activités de ces zones. Créant des parcs et des institutions (souvent d'origine paramilitaire) chargées de les gérer, et en déplaçant les populations qui vivaient autrefois à l'intérieur des parcs, les gouvernements et organisations de protection de la nature éliminaient dans ces lieux ce qu'ils percevaient être le problème : les humains. Au Zimbabwe, la création du parc national de Hwange dans les années 1920 a provoqué le déplacement des populations qui y vivaient, repoussées vers des terres moins fertiles en bordures. Certains chercheurs estiment que 14 millions de personnes auraient été déplacées rien qu'en Afrique, pour la création de tels parcs naturels.

Il y a donc une idée communément admise selon laquelle il existe un clivage irréconciliable entre « nature » et humains, les seconds étant jugés incompatibles à la survie de la première. Cette vision des choses, qui a motivé les politiques de conservation tout le long du XXe siècle, est aujourd'hui bousculée par une vision alternative, qui propose que les humains puissent vivre dans des habitats riches en biodiversité tout en étant capables de ne pas les détruire. Il y a d'abord eu la reconnaissance de l'existence des « savoirs écosystémiques traditionnels » dans de nombreuses cultures humaines, ces connaissances écologiques très poussées que possèdent souvent des sociétés vivant dans un environnement avec une forte biodiversité. Ensuite, de multiples travaux historiques et archéologiques ont par ailleurs démontré que de nombreux écosystèmes que l'on croyait fondamentalement naturels étaient en fait le fruit d'une interaction millénaire avec les humains. Parmi ces exemples, les savanes d'Afrique de l'Ouest y figurent mais aussi des pans importants de la forêt amazonienne et des forêts équatoriales africaines, jusque-là jugées vierges. Enfin, la mode de création de parcs fermés et hostiles à toute activité humaine a perdu de sa vigueur. Aujourd'hui, il s'agit d'impliquer les populations locales dans la sauvegarde des espèces menacées : en plus d'être une conservation moins injuste, elle est surtout plus efficace !

De plus en plus, des tentatives sont faites pour réconcilier production alimentaire humaine et écosystèmes avec une forte diversité. Citons par exemple l'agroforesterie, qui propose de faire pousser des plantes sous un couvert arboré simulant une forêt ou encore la « gestion holistique », un ensemble de techniques d'élevage novatrices développé par Allan Savory, un agronome originaire du Zimbabwe. Ces méthodes permettent de reverdir des terres désertiques à l'aide de l'activité du bétail, et sont non seulement prometteuses pour combattre l'extension des déserts, mais permettent également de fournir une source alimentaire pour les populations locales. Au-delà de l'antinomie nature-culture, beaucoup de projets tentent donc de réintroduire les populations humaines dans un environnement occupé par d'autres espèces variées.

Les savanes sont des écosystèmes particulièrement adaptés pour une réflexion sur les multiples interactions qui existent entre notre espèce et les autres. Non seulement nous y avons vécu longtemps, mais leur désertification actuelle nous pose aujourd'hui un défi écologique majeur et la réponse la plus adéquate à cette situation pourrait bien être d'accepter nos responsabilités, en protégeant ces savanes comme nous protégeons notre maison… ce qu'elles ont d'ailleurs longtemps été !

Lectures complémentaires

Chapitre 1. Le pénis des hyènes femelles

- Une frise chronologique du développement d'un embryon humain :

http://php.med.unsw.edu.au/embryology/index.php?title=Timeline_human_development

- Un article scientifique sur la complexité de l'acte reproducteur chez les hyènes :

Szykman, M., *et al.*, « Courtship and mating in free-living spotted hyenas », *Behaviour*, 144.7, 2007, p. 815-846.

- Et un article qui passe en revue les différents arguments sur la fonction du pseudo-pénis des hyènes femelles :

Muller, M., Wrangham, R., « Sexual mimicry in hyenas », *The Quarterly Review of Biology*, 77/1, 2002, p. 3-16.

- Un article scientifique sur l'évolution des cornes chez les femelles bovidés :

Stankowich, T., Caro, T., « Evolution of weaponry in female bovids », *Proceedings of the Royal Society B : Biological Sciences*, doi : 10.1098/rspb, 2009, p. 1256.

Chapitre 2. Le coup de la girafe

- L'article scientifique qui a jeté un pavé dans la mare en proposant la sélection sexuelle comme force principale responsable de la taille du cou des girafes :

Simmons, R., Scheepers, L., « Winning by a neck : sexual selection in the evolution of giraffe », *The American Naturalist*, 1996.

- La mortalité des girafes du Niger par le *necking* a été étudiée dans la thèse de J.-P. Suraud :

Suraud, J.-P., Thèse. « Identifier les contraintes pour la conservation des dernières girafes de l'Afrique de l'Ouest : Déterminants de la dynamique de la population et patron d'occupation spatiale », Université Claude Bernard-Lyon I, 2011.

- Mais les prédictions de l'hypothèse de sélection sexuelle ne sont pas vérifiées, comme le cou plus grand des girafes mâles :

Mitchell, Graham, *et al.*, « Growth patterns and masses of the heads and necks of male and female giraffes », *Journal of Zoology*, 290.1, 2013, p. 49-57.

- Et l'article scientifique qui a mis tout le monde d'accord :

Cameron, E. Z., du Toit, J. T., « Winning by a neck : tall giraffes avoid competing with shorter browsers », *The American Naturalist*, 2007.

- Pour une perspective historique sur le débat qui déchira les biologistes spécialistes ès girafes, il y a ce petit dossier en anglais :

http://natureinstitute.org/pub/ic/ic10/giraffe.htm

- Mais surtout cet article scientifique qui résume très bien le débat et les hypothèses :

Wilkinson, David M., Ruxton, Graeme D., « Understanding selection for long necks in different taxa », *Biological Reviews*, 87.3, 2012, 616-630.

- Et cet article de blog en français :

http://ssaft.com/Blog/dotclear/index.php?post/2012/03/07/Sexe%2C-cous-et-Sauropodes

Chapitre 3. Les gazelles lancent les dés

- Cet article n'aurait pas été possible sans la lecture du livre d'Alain Pavé :

Pavé, A., *La Course de la gazelle, biologie et écologie à l'épreuve du hasard*, éditions EDP Sciences, 2011.

Il reprend certains exemples écologiques, comportementaux et moléculaires cités ici et développe surtout la notion de « roulette écologique ». J'ai découvert ce livre dans l'émission *La Tête au carré* sur France Inter, ce qui en fait une bonne introduction. Elle est disponible à l'écoute ici :

http://www.franceinter.fr/emission-la-tete-au-carre-la-vie-a-l-epreuve-du-hasard

- Un livre historique sur le comportement de Protée a été publié dès 1988 :

Driver, P. M., Humphries, D. A., *Protean Behaviour*, Oxford, Clarendon Press, 1988.

- L'œil de la mouche drosophile n'est qu'un exemple parmi tant d'autres, et les systèmes sensoriels sont très riches en processus aléatoires. Un bon article de vulgarisation concernant ce sujet est celui de Claude Desplan :

Desplan, C., « Les sens au gré du hasard », *Pour la Science*, n° 385, 2009.

- Un autre article de synthèse intéressant, plutôt pour un public scientifique, est celui-ci :

Losick, R., Desplan, C., « Stochasticity and cell fate », *Science*, 320 (5872), 2008, p. 65-68.

- Une synthèse des sources du hasard en évolution peut être trouvée dans l'article : Malaterre, C., Merlin, F., « La part d'aléatoire dans l'évolution. Hasard et incertitudes », *Pour la Science*, n° 385, 2009.
- Une chouette vidéo explique très bien l'importance de l'observateur sur l'état des particules : http://www.youtube.com/watch?v=Cow-gGcrbLE
- Sur les liens entre physique quantique et biologie, un livre collectif a été publié :

Abbott, D. (éd.), *Quantum Aspects of Life*, World Scientific Publishing, 2008.

- Voici un autre exemple de l'importance du hasard dans le vivant :

Le hasard dans les cellules

La biologie est une science statistique qui fait la part belle à la place de l'aléa dans les processus évolutifs. On pourrait citer l'importance des épisodes d'extinctions massives, événements aléatoires par excellence, destructeurs certes, mais aussi générateurs de diversité. Cependant, il me semble que la « révolution conceptuelle du hasard » se tient plutôt à l'échelle de l'invisible : au niveau moléculaire, dans la cellule.

Des processus « stochastiques » (synonyme d'aléatoire) se jouent aussi à l'intérieur de nos cellules. La production des protéines dépend de la lecture des gènes qui les codent, selon le schéma « lecture du gène X — production de X ». On a longtemps assimilé la cellule à une mécanique bien huilée, avec un « livre » contenant toute l'information qu'il lui faut (l'acide désoxyribonucléique, ou ADN), des lecteurs assidus (les protéines qui lisent cet ADN) qui écrivent des mémos (l'acide ribonucléique, ou ARN) à l'intention de petits artisans assembleurs (les ribosomes) qui lisent ces mémos et produisent les protéines demandées. On a parfois parlé de déterminisme génétique pour décrire cette vision linéaire de l'expression des gènes. Chaque gène produit une protéine spécifique et ici le hasard ne joue qu'un rôle perturbateur dans cette rigoureuse mécanique : c'est le « bruit » qui trouble le signal. Les découvertes récentes sur l'expression génétique contredisent ce modèle de fonctionnement de la cellule : il s'agit en fait bien moins d'une machine finement réglée que d'un bouillonnement perpétuel de molécules soumises à l'agitation thermodynamique (donnant des trajectoires dignes du « mouvement brownien »). Ces interactions aléatoires sont soumises à des processus de sélection, introduisant « l'ordre » observé. Pour en savoir plus, Jean-Jacques Kupiec a écrit plusieurs livres expliquant ses vues sur le sujet. La transcription d'une entrevue avec ce chercheur est disponible ici : http://www.agoravox.fr/actualites/technologies/article/le-chercheur-jean-jacques-kupiec-48970

Chapitre 4. Pourquoi les zèbres ont-ils des rayures ?

- Un article qui résume l'ensemble des hypothèses :

Ruxton, G. D., « The possible fitness benefits of striped coat coloration for zebra », *Mammal Review* 32, 2002, p. 237-244.

- L'article qui étudie les rayures comme une adaptation contre les mouches :

Egri, A., *et al.*, « Polarotactic tabanids find striped patterns with brightness and/or polarization modulation least attractive : an advantage of zebra stripes », *The Journal of Experimental Biology*, 215, 2012, p. 736-745.

- Le plus vieil article qui parle des tsé-tsé comme pression de sélection à l'origine des rayures :

Harris, R. H. T. P., « Report on the Bionomics of the Tsetse Fly », Provincial Administration of Natal, Pietermaritzburg, South Africa, 1930.

- Un article très récent qui confirme l'hypothèse des mouches, en partant d'une analyse géographique :

Caro, T., Izzo, A., Reiner Jr, R. C., Walker, H., Stankowich, T., « The function of zebra stripes », *Nature Communications*, 5, 2014.

- Un article récent sur les illusions d'optique induites par les rayures :

How, M. J., Zanker, J. M., « Motion camouflage induced by zebra stripes », *Zoology*, 2013.

- Et une proposition de peindre les véhicules militaires avec des rayures pour leur faire éviter les roquettes :

Stevens, M., Searle, W. T. L., Seymour, J. E., Marshall, K. L., Ruxton, G. D., « Motion dazzle and camouflage as distinct anti-predator défenses », *BMC Biology*, 9 (1), 2011, p. 81.

- La première référence à l'idée que les rayures de zèbres puissent créer des fluctuations d'air qui rafraîchiraient l'animal se trouve dans ce livre :

Morris, D., *Animal Watching. A Field Guide to Animal Behaviour*, Jonathan Cape, London, UK, 1990.

- L'étude de 2015, qui remet ces tourbillons au goût du jour :

Larison, B., Harrigan, R. J., Thomassen, H. A., Rubenstein, D. I., Chan-Golston, A. M., Li, E., Smith, T. B., « How the zebra got its stripes : a problem with too many solutions », *Royal Society Open Science*, 2 (1), 2015, p. 140452.

Chapitre 5. Le mystère des termites qui jouent de l'orgue

- Pour en savoir plus, le site de Scott Turner, excellent et pédagogique :

http://www.esf.edu/efb/turner/termitePages/termiteMain.html

- Mais aussi un article scientifique sur l'impact écologique des termitières :

Pringle, R. M., Doak, D. F., Brody, A. K., Jocqué, R., Palmer, T. M., « Spatial Pattern Enhances Ecosystem Functioning in an African Savanna », *PLoS Biology*, 8 (5), 2010.

- Il est aussi possible de visiter l'intérieur de termitières sur ce site web :

http://www.mesomorph.org/

Chapitre 6. La ola des impalas

- Un très bon panorama du sujet, « The principles of collective animal behaviour » de D. J. T Stumper, pape du comportement collectif ! S'il ne fallait lire qu'un article, ce serait celui-là.

Stumper, D. J. T, « The principles of collective animal behaviour », *Philosophical Transactions of the Royal Society B : Biological Sciences*, 361.1465, 2006, p. 5-22.

- Mais aussi des articles scientifiques sur l'auto-organisation dans les comportements collectifs :

– Couzin, I. D., Krause J., James, R., Ruxton, G. D., Franks, N. R., « Collective memory and spatial sorting in animal groups », *Journal of Theorical Biology,* 218, 2002, p. 1-11.

– Helbing, D., Farkas, I., Vicsek, T., « Simulating dynamical features of escape panic », *Nature*, 407, 2000, p. 487-490.

– Kuramoto Y., *Chemical Oscillations. Waves and Turbulence*, Springer, 1984.

– Néda, Z., Ravasz, E., Brechet, Y., Vicsek, T., Barabási, A. L., « The sound of many hands clapping », *Nature*, 403 (6772), 2000, p. 849-850.
– Pays, O., *et al.*, « Prey synchronize their vigilant behaviour with other group members », *Proceedings of the Royal Society B : Biological Sciences*, 274.1615, 2007, p. 1287-1291.

Chapitre 7. Dictatures d'éléphants, démocraties de buffles

• Si le sujet des décisions de groupe chez les animaux vous intéresse, il y a ce bon résumé :
Conradt, L., Timothy, J. R., « Consensus decision making in animals », *Trends in Ecology & Evolution*, 20 (8), 2005.
• J'ai aussi bien aimé cette petite publication, écrite par un chercheur en sciences politiques :
List, C., « Democracy in animal groups : a political science perspective », *Trends in Ecology & Evolution*, 19 (4), 2004, p. 166-168.
• Sur la sagesse des foules, il y a cette conférence au collège de France :
http://www.canalu.tv/video/college_de_france/microfoundations_of_collective_wisdom.4046
• Et ce livre de Scott Page :
Page, Scott E., *The Difference : How the Power of Diversity Creates Better Groups, Firms, Schools, and Societies*, Princeton University Press, 2007.
• Sur le vote des buffles :
Prins, H. H. T., *Ecology and Behaviour of the African Buffalo*, Chapman & Hall, 1996.
• Sur les grands-mères éléphantes :
McComb, K., Shannon, G., Durant, S. M., Sayialel, K., Slotow, R., Poole, J., Moss, C., « Leadership in elephants : the adaptive value of age », *Proceedings of the Royal Society B : Biological Sciences*, 278 (1722), 2011, p. 3270-3276.
• Sur un modèle très simple expliquant l'apparition d'un chef s'il y a d'un côté une différence de besoins et de l'autre l'envie de conserver la cohésion du groupe :
Rands, S., Cowlishaw, G., Pettifor, R., « Spontaneous emergence of leaders and followers in foraging pairs », *Nature*, 423, 2003, p. 0-2.

Pour comprendre pourquoi la précision d'une foule augmente avec sa diversité, voilà une illustration du théorème de la diversité des prédictions.

La diversité des prédictions

Le théorème de la diversité des prédictions, c'est une simple question de statistiques. Pour les statisticiens aguerris, sachez que c'est « juste » une reformulation directe du compromis biais-variance, dont on trouve une démonstration sur Wikipédia. Pour les gens normaux, le mieux reste de « sentir » que ça fonctionne, et pour cela il va falloir aller au marché.

Imaginons que les deux membres d'un couple (Julie et Antoine) se disputent sur leur estimation du poids de trois légumes différents. Question d'honneur ! Voyons ici comment leur jugement commun est plus performant que leurs jugements séparés.

La carotte pèse en réalité 6 kilos, l'aubergine 5 kilos et une patate 1 kilo. Ce sont les valeurs absolues que les deux personnes tentent d'estimer.

Pour la carotte, Julie estime 6 kilos et Antoine estime 10 kilos.

Pour l'aubergine, 3 kilos et 7 kilos.

Pour la patate, 5 kilos et 1 kilo.

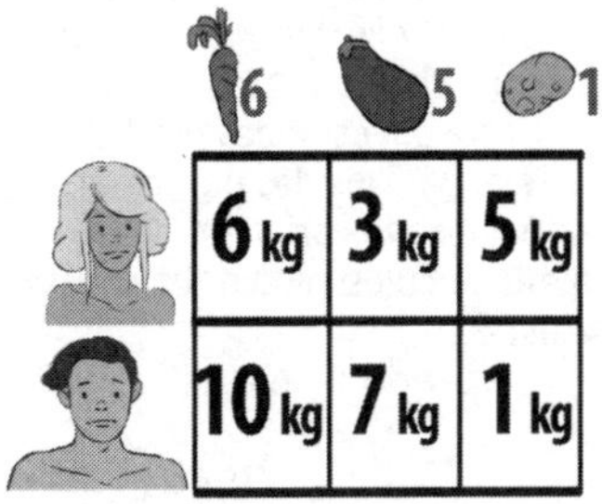

On notera au passage que Julie se plante de 4 bons kilos pour la patate. Tout est résumé dans le tableau ci-contre. Vous pouvez calculer la moyenne des estimations des participants par légume, c'est leur estimation collective, donc :

Pour la carotte : moyenne (6 et 10) = 8

Pour l'aubergine : moyenne (3 et 7) = 5

Pour la patate : moyenne (5 et 1) = 3

C'est cette moyenne qui est censée être plus précise que l'estimation de chaque individu pris séparément. Vérifions. Nous allons calculer : 1) l'erreur des participants, en moyenne 2) l'erreur de leur prédiction collective.

1) L'erreur des participants

Pour ce faire, il faut commencer par calculer l'erreur de chaque participant : c'est la différence entre l'estimation du participant et la vraie valeur. On passe tout ça au carré pour que les différences positives et négatives aient le même poids. Pour Julie, elle s'est trompée de 0 kilo pour la carotte, de 2 kilos pour l'aubergine, et de 4 kilos pour la patate. La somme de ses erreurs (au carré) est donc :

$$(6 - 6)^2 + (3 - 5)^2 + (5 - 1)^2 = (0)^2 + (-2)^2 + (4)^2 = 0 + 4 + 16 = 20$$

Le même calcul pour Antoine donne :

$$(10 - 6)^2 + (7 - 5)^2 + (1 - 1)^2 = 16 + 4 + 0 = 20$$

L'erreur moyenne des participants est donc : moyenne (20 et 20) = 20

2) L'erreur collective

L'erreur de leur estimation collective est calculée selon le même principe :

$$(8 - 6)^2 + (5 - 5)^2 + (3 - 1)^2 = 4 + 0 + 4 = 8$$

Donc, l'erreur de l'estimation collective est = 8. L'erreur moyenne de Julie et d'Antoine est égale à 20. Il y a donc un écart de « 12 » entre les deux, et l'erreur collective est plus faible. Mais d'où sort ce 12 ? Eh bien du théorème de la diversité des prédictions, justement.

Scott E. Page nous dit que :

Erreur collective (8) = Erreur moyenne de Julie et d'Antoine (20) – Diversité des prédictions (12).

Cette diversité des prédictions est très facile à retrouver : c'est l'écart entre les estimations des participants et la moyenne générale des estimations (on appelle ça la variance, aussi). Pour la carotte, la moyenne des estimations a été calculée plus haut, c'est 8. Pour l'aubergine, c'est 5. Pour la patate, c'est 3.

L'écart de Julie à cette moyenne est de :

$$(6 - 8)^2 + (3 - 5)^2 + (5 - 3)^2 = 4 + 4 + 4 = 12$$

Pour Antoine, c'est :

$$(10 - 8)^2 + (7 - 5)^2 + (1 - 3)^2 = 4 + 4 + 4 = 12$$

Leur moyenne est donc la diversité des prédictions : moyenne (12 et 12) = 12.

L'auteur nous explique que, comme il y a toujours un peu de diversité, l'Erreur collective sera toujours plus faible que l'Erreur moyenne de chaque participant (à laquelle la diversité se soustrait, donc). Autrement dit, aussitôt qu'il y aura des gens avec des opinions différentes, la précision collective sera meilleure que la précision individuelle moyenne ! Ouf, c'est fini, félicitations si vous avez suivi jusqu'au bout !

Chapitre 8. Sexe, manipulation et antilopes

• L'article original sur les Topi manipulateurs :
Bro-Jørgensen, J., Pangle, W. M., « Male topi antelopes alarm snort deceptively to retain females for mating », *The American Naturalist*, 176 (1), 2010, E33-9.

Chapitre 9. Les bousiers s'orientent avec la Voie lactée

• L'article sur l'expérience des bousiers et la Voie lactée :
Dacke, *et al.*, « Dung beetles use the milky way for orientation », *Current Biology*, 2013.
• L'article étudiant la marche des humains en milieu naturel sans repères :
Souman, J. L., Frissen, I ., Sreenivasa, M. N., Ernst, M. O., « Walking Straight into Circles », *Current Biology*, vol. 19, 18, 2009, p. 1538-1542.

Chapitre 10. Les séismes des éléphants

• L'article de Karen McComb qui démontre que les éléphants peuvent distinguer les Maasaï des Kamba :
McComb, K., *et al.*, « Elephants can determine ethnicity, gender, and age from acoustic cues in human voices », *Proceedings of the National Academy of Sciences*, 111.14, 2014, p. 5433-5438.
• Les proboscidiens ont été massivement chassés pendant l'expansion d'*Homo sapiens* sur les continents :
Sanchez, G., *et al.*, « Human (Clovis)-gomphothere (Cuvieronius sp.) association~ 13,390 calibrated yBP in Sonora, Mexico », *Proceedings of the National Academy of Sciences*, 111.30, 2014, p. 10972-10977.
Surovell, T., Waguespack, N., Brantingham, P. J., « Global archaeological evidence for proboscidean overkill », *Proceedings of the National Academy of Sciences*, 102.17, 2005, p. 6231-6236.
• Les éléphants possèdent un réseau social acoustique très développé :
McComb, K., *et al.*, « Unusually extensive networks of vocal recognition in African éléphants », *Animal Behaviour*, 59.6, 2000, p. 1103-1109.
• Les éléphants ont un répertoire vocal très étendu :
À écouter sur le site du *National Geographic* : http://www.nationalgeographic.com/news-features/what-elephant-calls-mean/

Ou sur le site officiel d'*Elephant Voices* : http://www.elephantvoices.org/

Poole, J. H., « Behavioral contexts of elephant acoustic communication », *The Amboseli Elephants : A Long-term Perspective on a Long-lived Mammal*, The University of Chicago Press, 2011, p. 125-161.

- Les articles de Caitlin O'Connell sont la référence en ce qui concerne la communication sismique chez les éléphants car son travail a posé les fondations dans ce domaine :

O'Connell-Rodwell, C. E., « Keeping an "ear" to the ground : seismic communication in elephants », *Physiology* (Bethesda, Md.), 22, 2007, p. 287-294.

Chapitre 11. Le ratel, une arme de destruction massive

- Cette espèce est tellement incroyable qu'elle a même un site officiel :

http://www.honeybadger.com/

- Cet article a été fortement influencé par Ben Thompson, auteur de *Badass of the Week*. Courez lire ses biographies d'hommes historiques sur son site web, www.badassoftheweek.com, c'est du génie.
- Un buzz internet est né des exploits du ratel :

http://www.youtube.com/watch?v=4r7wHMg5Yjg

- Sur les bandes de ratels attaquant les honnêtes citoyens de Basra en Irak, vous pouvez lire cet article en anglais :

http://www.news.com.au/dailytelegraph/story/0,22049,22056684-5001028,00.html

- Pour savoir ce que peut donner un hybride mutant entre grizzli, requin blanc et calamar géants, voir le bearsharktopus :

http://knowyourmeme.com/memes/bearsharktopus

- Le tank sud-africain : http://en.wikipedia.org/wiki/Ratel_IFV

Chapitre 12. *Le Roi Lion*, des révélations chocs

- Une étude qui a montré que les lions à crinière sombre ont plus de testostérone que les lions à crinière claire :

West, P., Packer, C., « Sexual selection, temperature, and the lion's mane », *Science*, 297, 2002, p. 1339-1343. http://www.sciencemag.org/content/297/5585/1339.short

- Wikipédia offre quelques exemples de vocalisations de hyènes : http://en.wikipedia.org/wiki/Spotted_hyena#Vocalisations
- La consanguinité des lions du cratère du Ngorongoro est bien présentée

dans cet article de blog : http://fish-dont-exist.blogspot.fr/2013/01/les-lions-ce-que-vous-napprendrez-pas.html

- … et a été étudiée dans cet article scientifique :

Wildt, D. E., Bush, M., Goodrowe, K. L., Packer, C., Pusey, A. E., Brown, J. L., Joslin, P., O'Brien, S. J., « Reproductive and genetic consequences of founding isolated lion populations », *Nature*, 329, 1987, p. 328-331.

Chapitre 13. La fabrique des lions infanticides

- Un rapide historique du pompage des nappes phréatiques dans le parc de Hwange au Zimbabwe :

http://newswatch.nationalgeographic.com/2013/03/08/waterholes-hwange-national-park-zimbabwe/

- Un film de la BBC sur les mésanges voleuses de crème de lait :

http://www.youtube.com/watch?v=Sv0zh7a1_p4

- Un article scientifique sur les Milans noirs et les nids en plastique :

Fabrizio, S., *et al.*, « Raptor nest decorations are a reliable threat against conspecifics », *Science*, 331.6015, 2011, p. 327-330.

- Une étude scientifique sur l'utilisation de mégots de cigarette par les oiseaux :

Suarez-Rodriguez, M., Lopez-Rull, I., Macias Garcia, C., « Incorporation of cigarette butts into nests reduces nest ectoparasite load in urban birds : new ingredients for an old recipe ? », *Biology Letters*, 9 (1), 2012, 20120931-20120931.

- Une séquence de la BBC sur les corbeaux qui utilisent les voitures comme craque-noix :

http://www.youtube.com/watch?v=BGPGknpq3e0

- Et un article scientifique qui étudie la dispersion de ce phénomène :

Yoshiaki, N., Higuchi, H., « When and where did crows learn to use automobiles as nutcrackers ? », *Tohoku Psychological Folia*, 60 : 93-97, 2002.

- L'article scientifique des oiseaux qui ajustent leur départ à la limitation de vitesse de la route :

Legagneux, P., Ducatez, S., « European birds adjust their flight initiation distance to road speed limits », *Biology letters*, 9.5, 2013, 20130417.

- Et aussi une vidéo d'un pigeon qui fait du surf sur une voiture :

http://www.youtube.com/watch?v=8B00GKDv-Zg

- L'article scientifique derrière les grenouilles chantant dans les drains :

Tan, W. H., *et al.*, « Urban canyon effect : storm drains enhance call characteristics of the Mientien tree frog », *Journal of Zoology*, 2014.

- Pour l'impact de la chasse sportive sur le taux d'infanticide, voir ce papier de recherche :

Loveridge, A. J., *et al.*, « The impact of sport-hunting on the population dynamics of an African lion population in a protected area », *Biological Conservation*, 134.4, 2007, p. 548-558.

- L'abattage d'éléphants cause une désagrégation sociale qui dure pendant des dizaines d'années :

Graeme, S., *et al.*, « Effects of social disruption in elephants persist decades after culling », *Frontiers in Zoology*, 10.1, 2013, p. 62.

- Pour une lecture plus détaillée sur un changement de point de vue sur les rapports entre l'homme et son environnement :

http://thebreakthrough.org/index.php/programs/conservation-and-development/humanitys-pervasive-environmental-influence-began-long-ago/

Chapitre 14. Des avalanches arides

- Pour aller plus loin sur la mécanique des transitions catastrophiques, il y a l'excellent article de Sonia Kéfi qui en discute de façon très claire, hébergé sur le non moins excellent site des *Regards sur la biodiversité* de la Société française d'écologie :

http://www.sfecologie.org/regards/2012/10/19/r37-hysteresis-sonia-kefi/

- Cet article fournit d'autres exemples de transitions catastrophiques dans les écosystèmes :

http://danslestesticulesdedarwin.blogspot.it/2013/05/avalanches-sur-la-biosphere-episode-2.html

- D'autres articles scientifiques pour approfondir :

– Scheffer, M., Carpenter, S., Foley, J. A., Folke, C., Walker, B., « Catastrophic shifts in ecosystems », *Nature*, 413 (6856), 2001, p. 591-596.
– Rietkerk, M., Dekker, S. C., De Ruiter, P. C., Van de Koppel, J., « Self-organized patchiness and catastrophic shifts in ecosystems », *Science*, 305 (5692), 2004, p. 1926-1929.
– Scheffer, M., Bascompte, J., Brock, W. A., Brovkin, V., Carpenter, S. R., Dakos, V., Held, H., *et al.*, « Early-warning signals for critical transitions », *Nature*, 461 (7260), 2009, p. 53-59.
– Scheffer, M., Carpenter, S. R., Lenton, T. M., Bascompte, J., Brock, W.,

Dakos, V., Van de Koppel, J., *et al.*, « Anticipating critical transitions », *Science*, 338 (6105), 2012, p. 344-348.

CHAPITRE 15. ET LES HOMMES ?

- Pour une frise chronologique de l'histoire évolutive de l'espèce humaine, cet article de l'encyclopédie Wikipédia est bien référencé et très clair. On y retrouve les principaux moments de l'évolution biologique des espèces qui, un jour, allaient donner *Homo sapiens*.

http://en.wikipedia.org/wiki/Timeline_of_human_evolution

- L'usage de la cuisson par *Homo erectus* daterait d'il y a au moins 2 millions d'années, et les résultats sont publiés dans cet article :

Organ, C., Nunn, C. L., Machanda, Z., Wrangham, R. W., « Phylogenetic rate shifts in feeding time during the evolution of *Homo* », *Proceedings of the National Academy of Sciences*, 108 (35), 2011.

- Mais ce genre de déclarations ne va pas sans des critiques virulentes :

Roebroeks, W., Villa, P., « On the earliest evidence for habitual use of fire in Europe », *Proceedings of the National Academy of Sciences*, 108 (13), 2011, p. 5209-5214.

- Une bonne revue sur l'évolution de l'intelligence et de la taille du cerveau chez les primates (ce qui nous inclut nous, évidemment) :

Gerhard, R., Dicke, U., « Evolution of the brain and intelligence », *Trends in cognitive sciences*, 2005, vol. 9, n° 5, p. 250-257.

- Les *Homo erectus* ont suivi les éléphants longtemps :

Ben-Dor, M., Gopher, A., Hershkovitz, I., Barkai, R., « Man the fat hunter : the demise of *Homo erectus* and the emergence of a new hominin lineage in the Middle Pleistocene (ca. 400 kyr) Levant », *PloS one*, 6 (12), 2011.

- L'espèce *Homo sapiens* aurait plus de 300 000 ans selon des résultats génétiques récents :

Mendez, F. L., Krahn, T., Schrack, B., Krahn, A. M., Veeramah, K. R., Woerner, A. E., Hammer, M. F., « An African American paternal lineage adds an extremely ancient root to the human Y chromosome phylogenetic tree », *The American Journal of Human Genetics*, 92 (3), 2013, p. 454-459.

- Un article très récent sur les gènes sous forte sélection qui nous viennent de Néandertal :

Sankararaman, S., Swapan, M., Dannemann, M., *et al.*, « The genomic landscape of Neanderthal ancestry in present-day humans », *Nature*, 2014.

• Un article de vulgarisation sur les savanes d'Afrique de l'Ouest comme des écosystèmes influencés par les humains depuis des millénaires :

Ballouche, A., Rasse, M., « L'homme, artisan des paysages de savane », *Pour la science*, n° 358, 2007.

• À propos des réfugiés de la conservation :

Dowie, M., *Conservation Refugees : The Hundred-Year Conflict between Global Conservation and Native Peoples*, MIT Press, 2009, p. 12.

• Et une traduction en français d'un article très intéressant sur l'idéologie de la conservation du XXe siècle :

http://leo.grasset.free.fr/index.php/la-conservation-dans-lanthropocene/

• Pour saisir l'intérêt des travaux d'Allan Savory, il est possible de regarder une conférence qu'il a donnée à TED :

http://www.ted.com/talks/allan_savory_how_to_green_the_world_s_deserts_and_reverse_climate_change.html

Remerciements

Avant d'être un livre, ces chapitres étaient des articles de blog, et avant d'être des textes, ils ont été une expérience sur le terrain. Celle-ci, je la dois tout particulièrement à Simon Chamaillé-Jammes qui m'a envoyé à Hwange, mais également à Denis Réale et Hervé Fritz, qui m'ont encadré et soutenu.

Ce petit livre n'aurait tout simplement pas été en projet sans l'aide bienveillante des treize personnes qui l'ont soutenu. Merci à mes amis Alice Baniel, Timothée Bonnet, Paul Saunders et Pascal Milesi. Caroline Grou, la famille Canet de Kerdour, Jean-Yves Delaveux, Ofelia Cruces ; à la famille Gremion, et tout particulièrement à ma famille, Éric Vitale, Jean-Marie Dadolle, Julie et mes parents.

Parmi les inspirations très présentes au cours de ce livre, il faut nommer trois sources importantes : le blog de Pierre Kerner *Strange Stuff and Funky Thing*, le blog de Xochipilli, *Le Webinet des curiosités* et le blog de Tom Roud, *Matières vivantes*. On peut retrouver des traces de leurs travaux respectifs dans les chapitres 2, 6, et 3. Leurs blogs sont des mines d'informations et ils font partie des gens qui m'ont motivé à faire de la vulgarisation. Au sens plus général, le *C@fé des sciences* est un portail incontournable de la vulgarisation scientifique francophone et si vous avez aimé ce livre… vous serez probablement très réceptif aux articles disponibles sur ce portail.

Merci à Colas qui a accepté de faire les illustrations, et à Gwen, pour tout le reste.

Table

III
Drôles de bêtes

IV
Les hommes et les savanes

RÉALISATION : PAO ÉDITIONS DU SEUIL
IMPRESSION : NORMANDIE ROTO IMPRESSION S.A.S. À LONRAI (61)
DÉPÔT LÉGAL : AVRIL 2015. N° 121927-2 (1501778)
Imprimé en France